ARCHIV FÜR TIERERNÄHRUNG

UNTER MITWIRKUNG VON

Prof. Dr. A. Hock, Berlin. Prof. Dr. Dr. W. Lenkeit, Göttingen

Prof. Dr. Dr. h. c. K. Nehring, Rostock. Prof. Dr. Dr. Dr. h. c. W. Wöhlbier, Stuttgart-Hohenheim

HERAUSGEGEBEN VON

ERNST MANGOLD

Prof. Dr. med. Dr. phil. Dr. med. vet. h. c. Dr. agr. h. c. Dr. agr. h. c.

Direktor em. des Instituts für Tierernährungslehre

der Humboldt-Universität Berlin

11. BAND

Ausgegeben am 1. APRIL 1961

HEFT

2

AKADEMIE-VERLAG · BERLIN

ARCH. TIERERNÄHRUNG · 11. BAND NR. 2 · S. 75–158 · BERLIN · 1. APRIL 1961

INHALT

Das Archiv für Tierernährung erscheint zweimonatlich in Heften zu 80 Seiten im Format 17,5 × 25 cm unbeschnitten. Der Preis des Heftes beträgt DM 8,50. 6 Hefte werden zu einem Band vereinigt. Der Besteller muß sich zur Abnahme eines Bandes verpflichten. Die Hefte werden jeweils einzeln berechnet. Im Jahre erscheint nicht mehr als 1 Band. Bestellungen werden direkt an den Akademie-Verlag GmbH, Berlin W 8, Leipziger Straße 3–4, oder über eine wissenschaftliche Buchhandlung erbeten.

Manuskriptsendungen — zugelassen sind die vier Kongreßsprachen — sind an den Herausgeber, Herrn Prof. Dr. Ernst Mangold, Berlin N 4, Invalidenstr. 42, zu richten. Mit der Veröffentlichung geht das alleinige Verlagsrecht an das Archiv für Tierernährung über. Daher müssen Arbeiten, die bereits an anderer Stelle veröffentlicht worden sind, zurückgewiesen werden. Die Verfasser verpflichten sich, Manuskripte, die vom Archiv für Tierernährung angenommen worden sind, nicht an anderer Stelle zu veröffentlichen.

Die Verfasser erhalten von größeren wissenschaftlichen Arbeiten 50 Sonderdrucke unentgeltlich. Den Manuskripten beiliegende Zeichnungen müssen sauber, in zweifacher Größe ausgeführt sein. Wenn sie nicht voll reproduktionsfähig nach den Vorschriften des Normblattes DIN 474 eingereicht werden, ist die Beschriftung nur mit Bleistift einzutragen. Zur Herstellung von Netzätzungen sind nur einwandfreie Photographien brauchbar.

Für alle Literaturzitate sind die Vorschriften des Normblattes DIN 1502 und 1502 Beiblatt I maßgebend. Die Zitate müssen den Verfasser (mit den Anfangsbuchstaben der Vornamen), den vollständigen Titel der Arbeit und die Quelle mit Band, Seitenzahl und Erscheinungsjahr enthalten. Das Literaturverzeichnis soll alphabetisch geordnet sein.

Herausgeber und verantwortlich für den Inhalt: Prof. Dr. med. Dr. phil. Dr. med. vet. h. c. Dr. agr. h. c. Dr. agr. h. c. Ernst Mangold, Berlin N4, Invalidenstraße 42 (Fernruf 42 00 18). Verlag: Akademie-Verlag GmbH, Berlin W 8, Leipziger Str. 3-4 (Fernruf 22 04 41; Telex-Nr. 011 773; Postscheckk. Berlin: 350 21). Bestell-Nr. d. Heftes: 1010/XI/2. Das Archiv für Tierernährung erscheint jährlich in 1 Band zu 6 Heften. Bezugspreis je Einzelheft DM 8,50. ausschließlich Porto und Verpackung. Satz und Druck: Robert Noske, Borna (Bez. Leipzig). Veröffentlicht unter der Lizenznummer ZLN 5003 des Ministeriums für Kultur. Printed in Germany.

Aus dem Institut für Tierzuchtforschung in Dummerstorf bei Rostock
der Deutschen Akademie der Landwirtschaftswissenschaften zu Berlin
(Direktor: Prof. Dr. Dr. h. c. W. STAHL)

R. NESENI

Stoffwechselwirkung von Dienöstroldiazetat (Folöstrol)

2. Mitteilung

Stoffwechselversuch mit Hammeln

Einleitung

In einer früheren Mitteilung (NESENI) wurde über die Wirkung des Foloestrols auf den Körper des Geflügels, besonders der Hühner, berichtet. Gleichzeitig und später wurde die hormonale Sterilisierung auch bei anderen Haustieren durchgeführt und das Fol., wie in der landwirtschaftlichen und veterinären Literatur bekannt, als Mastmittel verwendet.

Im Nachfolgenden soll aber auf die Mastwirkung nicht eingegangen werden, sondern nur die Veränderungen des Stoffwechsels angeführt werden, die sich durch die Untersuchungen, vor allem von Kot und Harn, ergaben.

Versuchsdurchführung

Für den Versuch wurden 2 Hammel ausgewählt, welche schon längere Zeit zur Bestimmung von V. K. verschiedener Futtermittel verwendet worden waren und die sich dabei durch eine gute Übereinstimmung auszeichneten. Nach einer 14tägigen Vorperiode, während welcher gleichfalls die gesamten Untersuchungen wie nach der Einführung des Hormons durchgeführt wurden, erhielt jeder Hammel 200 mg Fol. s. c. injiziert. Die Tiere waren in einem der üblichen Verdauungskästen untergebracht und wurden mit je 1000 g Weideheu gefüttert. Die Wasseraufnahme geschah durch Tränken aus dem Eimer, und wurde die Menge desselben durch Wägung festgestellt. Fütterung und Tränken geschah vor- und nachmittags täglich zur selben Stunde. Kot und Harn wurden gesondert aufgefangen und täglich resp. nach der Injektion 3-tägig untersucht. Der Harn wurde nicht, der Kot unter Zusatz von etwas Chloroform konserviert und in der Kälte aufbewahrt.

Festgestellt wurden:

1. Menge des aufgenommenen Futters und Wassers,

2. Bestimmung der Menge des ausgeschiedenen Kotes und Harnes,

3. Untersuchung des Kotes nach den Methoden der WEENDER-Analyse und Feststellung der V. K.,

4. Untersuchung des Harnes und zwar: Aussehen, Farbe, spezif. Gewicht, Viskosität und Oberflächenspannung mit dem Stalagmometer nach TRAUBE, Reaktion

mit Lackmus-Papier, Titrationsacidität, pH-Wert mit Lyphan-Papier, der Gehalt an Ca, P, Cl, N (n. KJELDAHL), Harnstoff (n. KOWARSKY), Kreatin und Kreatinin (n. FOLIN), Eiweiß und reduzierende Substanzen (n. FEHLING).
Um die Berichterstattung übersichtlicher zu machen und die täglichen Schwankungen in den Untersuchungsergebnissen etwas auszugleichen, wurden diese immer für mehrere Tage zusammengefaßt. Die Länge der Perioden wird in den Tabellen angeführt.

Ergebnisse

Die Aufnahme von Futter und Wasser und die Ausscheidung von Kot und Harn

Die Aufnahme des Futters (Weideheu) geschah für den Hammel 1 (H. 1) in der ganzen Versuchszeit gleichmäßig (Tab. 1).

Bei H. 2 trat am Tage nach der Injektion Durchfall auf, der sinnesgemäß betrachtet 5 Tage anhielt. Nachdem aber auch in anderen Versuchen mit Fol. bei einzelnen Hammeln mehrfach Durchfall auftrat und es sich dabei vielleicht doch um eine starke Reaktion der Tiere auf die Injektion handelt, soll der Versuch mit diesem Hammel, wenn zum Teil auch Unterschiede zwischen beiden Tieren in dieser Zeit vorhanden waren, doch mit ausgewertet werden, weil im Großen und Ganzen während der übrigen Zeit bei beiden Tieren die gleiche Tendenz des Verhaltens vorhanden war. Die Futteraufnahme von H. 2 war während der Zeit des Durchfalls bis über die Hälfte und auch noch einige Zeit nachher eingeschränkt, während die *Wasseraufnahme* teilweise erhöht war. So nahm H. 2 am 2. Tage des Durchfalls überhaupt kein, dafür aber am nächsten Tage 3 Liter Wasser auf. In den späteren Tagen bewegte sich die Menge des Trinkwssers in den üblichen Grenzen. Bei H. 1 wurden in der Wasseraufnahme während der Versuchszeit keine besonderen Schwankungen festgestellt.

Die Kot- und Harnausscheidung

Wie aus der allgemeinen Übersicht der Tab. 1 zu ersehen ist, bewegt sich bei H. 1 die Kotausscheidung im allgemeinen in den Grenzen, wie in der Vorperiode festgestellt wurden, wenn auch gegen Ende des Versuchs ein Ansteigen der Kotmenge vorhanden zu sein scheint. Bei H. 2 kam es wegen des Durchfalls zu einer vermehrten Kotausscheidung, die aber nach Aufhören desselben rasch zur Norm zurückging. Eine Vermehrung der Kotmenge am Ende des Versuches trat auch bei H. 2 ein.

Bei H. 1 sehen wir ein allmähliches Nachlassen der Harnmenge während des ganzen Versuches. Bei H. 2 wirkt sich der Durchfall in einer verminderten Harnmenge aus, die aber später keine gerichteten Veränderungen erfährt.

Der Einfluß von Foloestrol auf die Zusammensetzung des Kotes und die V. K. der einzelnen Nährstoffe

Das gereichte Weideheu wurde mehrfach untersucht, und ist die durchschnittliche Zusammensetzung desselben nachstehend angeführt: Trockensubstanz 88,95%, davon organ. Substanz 81,34%, mit 13,11% Rohprotein, 3,12% Rohfett, 27,28% Rohfaser und 37,83% N-freie Extraktstoffe, dazu kommen noch 7,61% Asche.

Tabelle 1. *Tägliche Einnahmen und Ausgaben*

Periode	Hammel 1							Hammel 2						
	Einnahmen g		*Ausgaben g*		Kot	*Wasser g*		*Einnahmen g*		*Ausgaben g*		Kot	*Wasser g*	
Tage	Heu	Wasser	Kot	Harn	TS %	Kot	Kot + Harn	Heu	Wasser	Kot	Harn	TS %	Kot	Kot + Harn
14*	1000	1535	847	1192	44,92	466	1658	1000	1569	847	604	46,72	451	1055
4	1000	1250	910	952	42,88	520	1472	825	1550	1877	615	23,16	1442	2057
4	1000	1325	717	845	49,89	359	1204	412	800	1012	365	21,40	795	1160
4	1000	1275	850	962	36,64	539	1501	502	1050	757	400	29,04	537	937
12	1000	1712	779	1093	42,28	450	1543	956	1812	728	661	39,46	441	1102
12	1000	1316	640	928	42,71	367	1295	1000	1350	642	632	42,82	367	999
16	1000	1259	691	916	44,01	387	1303	1000	1185	775	813	50,22	386	1199
14	1000	1398	962	677	38,82	588	1265	1000	1669	1000	577	40,45	595	1172
16	1000	1518	1084	672	36,30	691	1363	1000	1536	1103	655	46,17	594	1249

* Vorperiode

Tabelle 2. *Zusammensetzung des Frischkotes*

Periode	Tage	T. S.		Org. S.		Rohprotein		Rohfett		Rohfaser		N. f. E.		Asche	
		H. 1	H. 2	1	2	1	2	1	2	1	2	1	2	1	2
Vor-	14	44,92	46,72	40,06	41,61	5,37	5,63	1,68	1,74	12,07	12,02	20,94	22,22	4,86	5,11
Haupt-	4	42,58	23,16	39,14	19,51	5,16	2,56	1,75	0,82	10,74	5,11	20,63	11,22	4,29	2,33
	4	49,89	21,40	45,26	18,79	5,83	2,41	2,17	0,84	12,41	5,39	24,84	10,15	4,63	2,61
	4	36,64	29,04	31,64	25,62	4,72	3,71	1,26	1,13	8,10	7,53	17,52	13,24	4,99	3,42
	12	42,28	39,76	38,10	35,39	5,20	5,07	1,80	1,67	11,12	9,92	19,97	18,92	4,19	4,36
	12	42,71	42,82	37,99	37,93	5,83	5,33	1,99	1,82	10,95	10,96	19,25	19,81	4,75	4,88
	16	44,01	50,22	39,05	44,20	5,95	6,68	1,73	2,03	11,51	12,52	19,86	22,95	4,96	6,02
	14	38,82	40,48	35,45	37,19	4,03	4,15	1,27	1,26	10,79	11,04	19,37	20,73	3,35	3,29
	16	36,30	36,17	33,10	32,98	3,65	3,82	1,18	1,20	10,70	10,47	17,46	17,42	3,20	3,20

Der Trockensubstanzgehalt (T. S.) des *Frisch-Kotes* (Tab. 2) war nach der Injektion bei H. 1 anfangs etwas vermindert, desgleichen auch im letzten Monat des Versuches. Bei H. 2 trat, wie schon angeführt, Durchfall und mit der damit verbundenen Erhöhung des Wassergehaltes eine starke Verringerung der T. S. bis auf die Hälfte der in der Vorperiode gefundenen Werte ein. Die Verminderung des T. S.-Gehaltes p. inj. bei H. 1 (Tab. 2) war vor allem auf eine solche im Gehalt an Rohfaser in der ersten 4-Tage-Periode zurückzuführen, während es in der nächsten Periode wieder zu einem Anstieg kam. Erst im letzten Versuchsmonat ging der T.S.-Gehalt wieder zurück.

Der Durchfall bei H. 2 wirkte sich vor allem in einer starken Verminderung der Gehalte an org. Nährstoffen aus, die bis auf die Hälfte der in der Vorperiode gefundenen Werte herunter gehen, um dann wieder etwas anzusteigen. Bei beiden Tieren wird dann gegen Ende des Versuches eine Verminderung der T.S. unter die Höhe der Vorperiode, bedingt durch eine solche sämtlicher Nährstoffe, festgestellt.

Bei einer Betrachtung der Zusammensetzung der *Kot-Trockensubstanz* (Tab. 3) finden wir, daß sich die Veränderungen in bedeutend geringeren Grenzen halten. Die Verminderung der Gesamt-T.S. im letzten Monat des Versuches ist bei der Rohfaser und den NfE des Kotes mit einer prozentuellen Steigerung ihres Anteils an der Trockensubstanz, bei den übrigen mit einer leichten Verminderung verbunden.

Der Einfluß auf die Verdauungs-Koeffizienten

Bei H. 1 tritt kurz nach der Injektion eine leichte Verminderung der V. K. sämtlicher Nährstoffe auf, die nachher von einer z. T. erheblichen Steigerung gefolgt ist und nach etwa 5 Wochen ihren Höhepunkt erreicht, um dann wieder gegen Ende des Versuches bis unter die Werte aus der Vorperiode zurückzugehen. Der Durchfall bei H. 2 wirkt sich auch auf die V. K. im Sinne einer Verminderung aus. Während bei H. 1 schon 8 Tage p. i. die in der Vorperiode erzielten V. K. wieder vorhanden sind, wird bei H. 2 vom 5.–8. Tage der Tiefstand der V. K. erreicht. Nach dem 12. Versuchstage kommt es nicht nur zu einer Angleichung an die Werte in der Vorperiode, sondern wir sehen auch bei diesem Hammel genau so wie bei H. 1 eine Verbesserung der V. K., die ebenfalls etwa 5 Wochen nach der Injektion ihren Höhepunkt erreicht. Nachher sinken die V. K. auf etwas unter die Ausgangshöhe, wobei bei H. 2 niedrige Werte festzustellen sind.

Bemerkenswert ist noch das Verhalten der V.K. der Mineralstoffe (Tab. 4). Während bei H. 1 verhältnismäßig geringe Änderungen vorhanden sind, kommt es wegen des Durchfalles bei H. 2 fast zu einem Erliegen der Mineralstoffaufnahme, deren Verdaulichkeit von etwa 44% auf rund 3% sinkt.

Die schon früher festgestellte Abhängigkeit der V.K. von der Kotmenge konnte auch jetzt wieder beobachtet werden.

Der Wasserhaushalt

Nachdem aus der Literatur bekannt war, daß durch Östrogene auch eine Beeinflussung des Wasserhaushaltes eintritt, erscheint es notwendig, im Zusammen-

Tabelle 3. *Zusammensetzung der Kot-Trockensubstanz in %*

Periode	Tage	Organ. S.		Rohprotein		Rohfett		Rohfaser		N f E		Asche	
		H. 1	H. 2	1	2	1	2	1	2	1	2	1	2
Vor-	14	89,19	89,06	11,96	12,05	3,83	3,73	26,87	25,72	46,53	47,56	10,81	10,94
Haupt-	4	91,92	84,25	12,12	11,06	4,11	3,52	25,23	22,07	48,46	46.96	10,08	15,75
	4	90,71	87,79	11,68	11,27	4,35	3,91	24,88	25,21	49,80	47,71	9,29	12,21
	4	86,39	88,21	12,88	12,79	3,44	3,89	22,11	25,93	47,96	45,60	13,61	11,79
	12	90,08	88,21	12,29	12,89	4,26	4,23	26,31	24,80	47,21	47,33	9,92	11,19
	12	88,88	88,61	13,64	12,44	4,66	4,25	25,60	25,60	45,18	46,31	11,12	11,38
	16	88,73	88,01	13,52	13,31	3,93	4,07	26,18	24,97	45,10	45,65	11,18	11,99
	14	91,39	91,88	10,36	10,23	3,27	3,12	27,83	27,33	49,93	50,20	8,61	8,11
	16	91,17	91,17	10,05	10,58	3,29	3,32	29,51	28,96	48,07	48,16	8,83	8,82

Tabelle 4. *Verdauungs-Koeffizienten*

Periode	Tr. S.		Org. S.		Rohprotein		Rohfett		Rohfaser		N f E		Asche	
Tage	I	II	I	II	I	II	I	II	I	II	I	II	I	II
14	58,15	56,49	59,18	57,62	65,12	64,42	54,36	53,78	63,33	63,51	54,53	51,34	47,12	44,35
4	55,90	47,23	56,88	51,39	63,95	59,78	48,67	46,56	63,93	61,57	50,04	41,04	48,36	2,78
4	59,81	39,19	60,13	41,62	68,32	53,58	52,94	30,31	67,40	50,29	52,87	32,17	56,37	13,21
4	61,57	52,19	63,70	53,86	66,41	58,21	61,51	47,49	72,30	59,73	56,62	48,61	38,90	35,98
12	63,13	66,52	63,35	67,55	69,32	70,86	54,03	59,97	68,27	73,01	59,12	63,09	57,18	56,52
12	68,46	68,68	68,88	69,66	71,46	73,41	57,71	61,91	74,17	73,88	65,08	65,95	60,92	58,16
16	63,24	59,43	64,76	60,99	65,77	63,19	58,10	54,45	71,11	67,11	60,40	56,33	50,69	42,11
14	57,29	53,79	57,78	54,07	61,72	58,74	31,07	28,62	63,71	61,36	53.73	48,74	50,96	50,42
16	54,21	40,53	54,78	41,32	60,18	45,51	51,87	38,08	61,31	50,74	48,01	32,66	46,23	38,72

hang mit der Aufnahme von Futter und Trinkwasser und der Ausscheidung von Kot und Harn auch diese Frage zu berühren. Wenn hierbei auch gewisse Schwierigkeiten bestehen, so ist es doch ohne weiteres möglich, die Einnahmen genau festzulegen, während dies bei den Ausgaben nicht der Fall ist. Die mit dem Futter und durch Trinken aufgenommenen Wassermengen können einwandfrei bestimmt werden und auch die Größe des sog. Oxydationswassers läßt sich nach FREY aus dem Gehalt an verdaulichen Nährstoffen berechnen. Bei den Ausgaben ist die mit dem Kot und Harn ausgeschiedene Wassermenge jederzeit erfaßbar, nur liegen für die Perspiratio insensibilis, die Wassermengen, die durch Haut und Lungen abgegeben werden, keine Zahlen vor und sind solche nach LINTZEL nicht bekannt. Deshalb wurde auch in der nachfolgenden Tabelle 5 sowohl das Oxydationswasser als auch die Perspiratio insensibilis nicht berücksichtigt und lediglich die feststellbaren Werte herangezogen.

Tabelle 5. *Wasserhaushalt*

Tier	Tage	*Einnahmen*			*Ausgaben*			von den Einnahmen ausgeschieden in %			*Rest*	
		Futter	Tränke	Summe	Kot	Harn	Summe	Kot	Harn	Summe	g	%
H 1	14	110,5	1535	1645,5	466	1192	1658	28,3	72,4	100,7	- 13,5	- 0,7
	4	110,5	1250	1360,5	520	952	1472	38,2	70,0	108,2	-111,5	- 8,2
	4	110,5	1325	1435,5	359	845	1204	25,0	58,9	83,9	231,5	16,1
	4	110,5	1275	1385,5	539	962	1501	38,9	69,4	108,3	-116,5	- 8,3
	12	110,5	1712	1822,5	450	1093	1543	24,7	60,0	84,7	279,5	15,3
	12	110,5	1316	1426,5	367	928	1295	25,7	65,1	90,8	131,5	9,2
	16	110,5	1259	1369,5	387	916	1303	28,3	66,9	95,2	66,5	4,8
	14	110,5	1398	1508,5	588	677	1265	39,0	44,9	83,9	243,5	16,1
	16	110,5	1518	1628,5	691	672	1363	42,4	41,3	83,7	265,5	16,3
H 2	14	110,5	1569	1679,5	451	604	1055	26,9	36,0	62,9	624,5	37,1
	4	91,2	1550	1641,2	1442	615	2057	87,9	37,5	125,4	-415,8	-25,4
	4	45,5	800	845,5	795	365	1160	94,0	43,2	137,2	-344,5	-37,2
	4	55,5	1050	1105,5	537	400	937	48,6	36,2	84,8	168,5	15,2
	12	105,6	1812	1917,6	441	661	1102	23,0	34,5	57,5	815,6	42,5
	12	110,5	1350	1460,5	367	632	999	25,1	43,3	68,4	461,5	31,6
	16	110,5	1185	1295,5	386	813	1199	29,8	62,8	92,6	96,5	7,4
	14	110,5	1669	1779,5	585	577	1172	32,9	32,4	65,3	607,5	34,7
	16	110,5	1336	1446,5	594	655	1249	41,1	45,3	86,4	197,5	13,6

Zur Besprechung der Tabelle möchte ich vorausschicken, daß beide Tiere während der 96-tägigen Untersuchungszeit insgesamt etwa gleiche Mengen an Trinkwasser (137,23 resp. 140,412 Liter oder im Durchschnitt 1430 gegen 1463 g/Tag aufgenommen haben.

Bei H. 1 finden wir in der Trinkwasseraufnahme keine besonders großen Schwankungen, während bei H. 2 der Wasserverlust durch den Durchfall nach Abklingen desselben durch eine schon erwähnte gesteigerte Wasseraufnahme ausgeglichen wurde. Die Ausgaben durch Kot und Harn zeigen mengenmäßig bei H. 1 keine großen Schwankungen, wenn wir auch nach der Injektion des Hormons im Kot ein Ansteigen der relativen Abgabe und eine Verminderung derselben durch den Harn feststellen können.

Die Veränderungen in der Beschaffenheit und Zusammensetzung des Harnes

Der Harn war während der ganzen Versuchszeit klar und von gelblich-brauner bis rötlich-brauner *Farbe.* Die *Menge* des Harnes lag bei beiden Tieren verschieden hoch und war bei H. 2 bedeutend niedriger (rund 600 gegen 1000 ml). Bei H. 1 ging die Menge in der ersten Woche nach der Injektion etwas zurück, um dann bei rund 1000 ml mit kleinen Schwankungen stehen zu bleiben. Bei H. 2 kam es in der zweiten und dritten 4-Tageperiode nach der Einspritzung zu einem starken Rückgang der Harnmenge, die zu dem aufgetretenen Durchfall in Beziehung steht. Nach Aufhören desselben kehrte die Harnausscheidung auf und bis über die in der Vorperiode ausgeschiedene Menge zurück. Das *spezif. Gewicht* lag bei beiden Tieren in den von WITZIGMANN (1,015–1,070) angegebenen Grenzen, war jedoch bei H. 2 im Durchschnitt höher (1,0457) als bei H. 1 (1,0383). Eine Abhängigkeit des spezif. Gewichtes von der ausgeschiedenen Harnmenge ist bei beiden Tieren vorhanden. Die *Viscosität* schwankte bei H. 1 von 1,030–1,073 und bei H. 2 von 1,032–1,084 und lag somit an der unteren Grenze der von WITZIGMANN angeführten Werte. Irgend gerichtete Veränderungen sind nicht vorhanden, doch besteht eine gewisse Parallelität mit dem spezif. Gewicht. Die *relative Oberflächenspannung* lag im Durchschnitt bei H. 1 etwas über der von H. 2. Bei beiden Tieren konnte schon in der ersten Woche p. i. eine Steigerung derselben nachgewiesen werden, die über die ganze Versuchszeit anhielt. Die *Reaktion* war gegen Lackmus immer alkalisch. Der *pH-Wert* lag zwar bei H. 1 etwas niedriger, jedoch waren keine wesentlichen Änderungen festzustellen. Die *Titrationsacidität* ging nach der Einspritzung besonders bei H. 2 stärker zurück und lag bei diesem Tier auch etwas höher.

Die prozentuelle Zusammensetzung des Harnes ist in der Tabelle 7 angeführt (siehe auch Tab. 8).

Vor allem kommt es beim Ca nach der Injektion bei beiden Tieren zu einer leichten Vermehrung, die aber bald wieder nachläßt, um nach etwa 5 Wochen etwas anzusteigen und die Werte der Vorperiode zu erreichen resp. zu überschreiten. Beim P sehen wir eine Verminderung der im Harn vorkommenden geringen Werte, während der Cl-Gehalt bei H. 1 nicht gerichtete Schwankungen aufweist, die aber bei H. 2 zu einer Erniedrigung der Werte führen. Die *N-Ausscheidung* erhöht sich bei H. 1 nach der Einverleibung des Hormons nur mäßig, um nach etwa 8 Tagen wieder auf den früheren Ausscheidungsspiegel zurückzu-

Tabelle 6. *Harnbefund*

Periode	Tage	Hammel 1							Hammel 2						
		Menge ml	Spez. Gew.	Viscosität	relat. Oberfl.-spannung	Reaktion Lackmus	Reaktion p_H	Reaktion Titrat. n/10-HCl	Menge ml	Spez. Gew.	Viscosität	relat. Oberfl.-spannung	Reaktion Lackmus	Reaktion p_H	Reaktion Titrat. n/10 - HCl
Vor-	14	1192	1,045	1,044	81,86	alkal.	8,7–8,8	15,62	604	1,051	1,071	73,64	alkal.	8,2–9,3	22,08
Haupt-	4	952	1,0412	1,044	80,78	„	8,8	15,13	615	1,0515	1,068	76,54	„	9—	19,45
	4	845	1,0447	1,045	82,39	„	8,6	12,02	365	1,0432	1,056	79,48	„	8,7	12,96
	4	962	1,0415	1,046	83,81	„	8,7	16.12	400	1,0492	1,084	81,43	„	8,9	14,70
	4	1175	1,0322	1,032	84,94	„	8,8	11,75	522	1,047	1,055	80,91	„	8,8	14,59
	4	990	1,033	1,035	85,95	„	8,7	10,99	705	1,043	1,058	84,02	„	8,9	14,59
	4	1115	1,031	1,038	84,14	„	8,8	14,59	745	1,040	1,055	80,02	„	9—	24,05
	4	920	1,038	1,038	84,51	„	8,85	11,62	750	1,0425	1,040	84,64	„	9,1	23,24
	4	855	1,040	1,073	81,10	„	8,75	12,16	587	1,0425	1,048	81,73	„	9—	16,75
	4	1010	1,038	1,030	85,11	„	8,8	13,50	559	1,048	1,032	82,48	„	9—	19,45
	6	929	1,0366	1,040	85,22	„	8,7	15,31	860	1,046	1,075	83,39	„	9—	17,47

Tabelle 7. *Zusammensetzung des Harnes* (mg%)

Periode	Tage	Hammel 1							Hammel 2						
		Ca	P	Cl	Ges.-N	Harnstoff	Kreatin	Krea-tinin	Ca	P	Cl	Ges.-N	Harnstoff	Kreatin	Krea-tinin
Vor-	14	6,34	0,68	615,4	1131,–	2247	119,4	115,6	4,64	1,03	633,4	1325,1	2624,3	94,6	160,9
Haupt-	4	8,08	0,41	649,1	1406,9	2380	88,5	121,5	7,32	0,66	606,8	1843,4	3052,5	63,6	250,5
	4	9,57	0,45	640,5	1419,2	2341	134,1	156,5	10,69	0,70	616	2458	3546,5	247,5	255,2
	4	7,47	0,46	641,4	1172,8	2055	123,7	126,5	5,38	0,94	552,7	1882,9	2722	148,6	229,–
	4	3,99	0,49	637,1	1048,6	1898	114,2	84	7,22	0,72	629,8	1502,2	2508,5	117,4	192
	4	3,07	0,36	632,6	914,2	1702	54	79,3	5,10	0,46	590,6	1140,5	2088	101,3	143,6
	4	2,74	0,35	643,4	781,9	1474	46,5	66	2,64	0,70	534,4	965,2	1503	19	121
	4	3,73	0,41	635,5	1035,3	1488	47,5	102,5	3,50	0,50	557,8	1004,5	1591,5	23,5	122
	4	4,46	0,43	616,6	1147,3	1820	54	113,5	6,18	0,58	573,8	1080	2065,5	62	138
	4	7,46	0,76	631,2	1051,1	1945,5	66,7	125	5,33	0,95	563	1239,7	1990,5	50,5	137
	4	7,14	0,32	618,1	1078	1860	84,1	85	7,02	0,41	579,3	1185,8	1954	40,1	115,6

Tabelle 8. *Tägliche Ausscheidung einiger Harnbestandteile*

Periode	Tage	Hammel 1							Hammel 2						
		Ca	P	Cl	Ges.-N	Harnstoff	Kreatin	Krea-tinin	Ca	P	Cl	Ges.-N	Harnstoff	Kreatin	Krea-tinin
		mg		g			mg		mg		g			mg	
Vor-	14	72,11	5,82	7,225	13,470	26,784	1409,6	1331,1	28,11	6,58	3,854	7,933	15,851	761,2	995,–
Haupt-	4	76,92	3,90	6,179	12,440	22,658	842,5	1156,7	45,02	4,06	3,732	11,367	18,773	391,1	1540,6
	4	82,39	3,80	5,412	11,992	19,781	1133,1	1322,4	39,02	2,55	2,248	8,972	12,947	903,4	931,5
	4	71,86	4,43	6,170	11,762	19,769	1190	1216,9	21,52	3,76	2,211	7,626	10,888	594,4	916
	4	46,88	5,76	7,489	10,991	22,302	1341,8	987	37,69	3,76	3,288	7,864	13,094	612,8	1002.2
	4	30,39	3,56	6,263	8, 980	16,849	534,6	785,1	35,96	3,24	4,164	8,040	14,720	714,2	1012,4
	4	30,55	3,90	7,174	8,928	16,435	518,5	735,9	19,67	5,22	3,981	7,228	11,197	141,6	901,4
	4	34,32	3,77	5,847	10,021	13,689	437	943	26,25	3,75	4,183	7,534	11,936	176,2	915
	4	38,13	3,68	5,272	10,800	15,561	461,7	970,4	36,28	3,40	3,368	7,347	12,124	363,9	810
	4	75,35	7,68	6,375	9,019	19,645	673,7	1262,5	29,79	5,31	3,147	6,930	11,127	282,3	765,8
	6	66,33	2,97	5,742	11,016	17,279	781,3	789,6	60,37	3,53	4,982	10,198	16,804	344,9	994,2

kehren. Bei H. 2 dagegen fanden wir wegen des Durchfalls eine erhebliche Steigerung der N-Ausscheidung, die erst nach etwa 16 Tagen die frühere Durchschnittszahl erreicht. Die *Harnstoffausscheidung* geht im großen und ganzen der N-Ausscheidung parallel, nur fällt auf, daß sie sich ab der 4. Woche p. i. bei beiden Tieren vermindert. Sowohl der *Kreatin-* wie auch der *Kreatiningehalt* fällt etwa in der 3. Woche des Versuches bei den Tieren mehr oder weniger ab, nachdem es bei beiden Stoffen beim H. 2 wohl infolge des Durchfalls zu einer starken Erhöhung der Werte in den ersten 14 Tagen gekommen ist.

Etwa gleichsinnige Veränderungen, wie wir sie in der %igen Zusammensetzung des Harns gefunden haben, konnten auch bei der *täglichen Ausscheidung* der einzelnen Stoffe festgestellt werden. Während P und Cl keine großen Schwankungen zeigten, sinkt die Menge des täglich ausgeschiedenen Ca bei beiden Tieren ab der 3. Woche, um nach der 5. Woche wieder anzusteigen. Die gesamte ausgeschiedene N-Menge steigt zwar in den ersten Tagen nach der Einspritzung bei H. 2 etwas an, fällt aber dann, was, wie später gezeigt wird, mit einer starken Retention zusammenhängt. Parallel liegen die Verhältnisse bei der Abgabe des Harnstoffes, dessen Ausscheidung besonders vermindert wird und zwar von etwa 25 g pro Tag vor der Injektion auf etwa 15–17 g in der 3.–5. Woche nach der Einspritzung. Etwas ähnliches finden wir auch beim Kreatin und Kreatinin. Zu erwähnen ist, daß die ausgeschiedenen Kreatininmenge meist größer ist als die des Kreatins.

Einen guten Einblick in die N-Ausscheidung gibt die Verteilung des ausgeschiedenen Harn-N auf die einzelnen Fraktionen (Tab. 9). Der Anteil des Harnstoff-N am Gesamt-N ist bei beiden Tieren in der Vorperiode fast gleich.

Tabelle 9. *Aufteilung des Harn-N auf einzelne Fraktionen* (%)

Periode	Hammel 1				Hammel 2			
	Harnstoff	Kreatin	Kreatinin	Rest	Harnstoff	Kreatin	Kreatinin	Rest
Tage	N				N			
14	92,72	3,38	3,34	0,56	92,39	2,29	3,97	1,35
4	78,92	2,02	2,83	16,23	77,25	1,10	4,45	17,20
4	76.95	3,03	3,61	16,41	67,31	3,23	3,40	26,07
4	81,75	3,38	3,53	11,35	67,44	2,53	3,98	26,05
4	84.44	3,49	2,62	9,45	77,90	2,50	4,18	15,42
4	86,85	1,89	2,84	8,42	85,41	2,85	4,12	7,62
4	87,94	1,91	2,76	7,39	72,64	0,63	4,10	22,63
4	67,05	1,52	3,24	28,24	73,94	0,75	3,97	21,37
4	74,—	1,51	3,24	21,25	89,22	1,84	4,18	4,75
4	86,30	2.03	3,89	7,76	74,91	1,30	3,61	20,18
6	74,93	2,50	2,58	19,99	76,87	1,08	3,19	18,86

Durch die Zuführung des Hormons fällt der Anteil dieser Fraktion stark ab und zwar bei H. 2 stärker als bei H. 1. Nach einer leichten Verbesserung dieser Werte wird aber die ursprüngliche Zusammensetzung nicht mehr erreicht. Der Anteil des Kreatin- und Kreatinin-N beträgt nur je etwa 3% des Gesamt-N, sinkt jedoch absolut und relativ, um erst gegen Ende des Versuches wieder etwas anzusteigen. Der Abfall ist bei H. 2 größer als bei H. 1 und kommt beim Kreatin-N stärker zum Ausdruck als beim Kreatinin-N. Die Menge des für andere N-haltige Produkte des Harns übrigen, aber nicht näher untersuchten Rest-N, in der Hauptsache wohl Hippursäure, ist in der Vorperiode bei beiden Tieren gering, nimmt aber unter dem Einfluß des Hormons stark zu, und zeigen die Tiere im Verlauf des Versuchs gleichgerichtete Schwankungen.

Eiweiß konnte während der ganzen Zeit des Versuches bei beiden Tieren mit Hilfe der HELLER- und der Sulfosalicylsäure-Methode nicht nachgewiesen werden.

Wie bei der Methodik angeführt, wurde auch das Reduktionsvermögen des Harns untersucht und zwar mit Hilfe der Fehlingschen Lösung. Die gefundenen durchschnittlichen Mengen sind in Tab. 10 niedergelegt.

Tabelle 10. *Reduzierende Substanzen im Harn* (mg%)

Tage	12	4	4	4	4	4	4	4	4	4	6 Tage
H. 1	52,3	60,3	63,-	65,7	43,6	60,5	32,9	92,2	103,4	84,5	101,1
H. 2	51,-	60,8	54,4	63,1	49,9	60,7	77,6	54,7	94,3	57,5	104,9

Daß es sich in unserem Fall nicht um vergärbaren Zucker handelt, sondern um andere reduzierende Substanzen, zeigten mehrfache Vergärungsversuche mit Hefe, die alle ohne Ergebnis blieben.

Stickstoff-Bilanz

Wie die N-Bilanz bei beiden Tieren aussieht, zeigt die nachfolgende Tabelle 11.

Bei beiden Tieren ist eine bedeutende Verbesserung der Bilanz festzustellen, wobei H. 2 die durch den Durchfall bedingte negative Bilanz binnen 8 Tagen ausgleicht; doch hält bei beiden Tieren die Verbesserung der Bilanz nur bis zur 5. Woche an, um dann wiederum zurückzugehen.

Im Zusammenhang mit der N-Bilanz soll auch die Frage der Verteilung des aufgenommenen N etwas näher berührt werden. Der prozentische Anteil des retinierten N steigt (Tab. 12) bei H. 1 parallel mit der Vergrößerung der positiven Bilanz.

Bei H. 2 sehen wir als Folge des Durchfalls, daß in den ersten 4 Tagen nach der Injektion nur 0,8% des aufgenommenen N retiniert werden und in den beiden folgenden 4-Tage-Perioden durch Ausscheidung von 147,75 resp. 119,26% des aufgenommenen Stickstoffs die N-Bilanz erheblich negativ wird. Die Verteilung des ausgeschiedenen N auf Kot und Harn zeigt nun, daß zwar auch im Kot eine geringe Mehrausscheidung an N stattfindet, aber die Hauptmenge durch den Harn ausgeschieden wird, die, wie die Harnuntersuchung ergibt, in erster Linie

Tabelle 11. *N-Bilanz* (g)

Tier	Periode		Vor-	Haupt-									
	Tage		14	4	4	4	4	4	4	4	4	4	6
H. 1	*Einnahmen*		20,98	20,98	20,98	20,98	20,98	20,98	20,98	20,98	20,98	20,98	20,98
	Ausgaben	Kot . .	7,32	7,56	6,64	7,04	6,67	6,44	6,23	6,33	6,04	5,45	6,88
		Harn .	13,47	12,44	11,99	11,76	10,99	8,98	8,93	10,02	10,80	9,02	11,02
	Bilanz		+ 0,19	+ 0.98	+ 2,35	+ 2,18	+ 3,32	+ 5,56	+ 5,82	+ 4,63	+ 4,14	+ 6,51	+ 3,08
H. 2	*Einnahmen*		20,98	17,30	8,65	10,04	18,20	20,98	20,98	20,98	20,98	20,98	20,98
	Ausgaben	Kot . .	7,46	6,78	3,96	4,36	5,09	6,45	6,24	6,15	6,47	4,11	6,47
		Harn .	7,93	11,37	8,97	7,62	7,86	8,04	7,23	7,53	6,35	6,93	10,20
	Bilanz		+ 5,59	-0,85	-4,28	-1,94	+ 5,25	+ 6,49	+ 7,51	+ 7,30	+ 8,16	+ 9,94	+ 4,31

Harnstoff und Kreatin betrifft. Auch bei H. 1 wird die steigende N-Bilanz in erster Linie durch die Verminderung der Harn-N-Ausscheidung bedingt, während die Kot-N-Ausscheidung nur in geringem Maße mit herangezogen wird.

Wenn wir nun die Verteilung des ausgeschiedenen N (Tab. 13) auf Kot und Harn näher betrachten, so finden wir bei den Tieren mit der höheren positiven N-Bilanz zwar gewisse Veränderungen in der Verteilung, doch sind sie im allgemeinen nicht sehr erheblich, wenn auch bei H. 2 deutlich sichtbar.

Besprechung der Ergebnisse

Daß der bei H. 2 aufgetretene Durchfall als eine Reaktionserscheinung auf das Hormon gewertet werden kann, ergibt sich aus anderen Erscheinungen, die ebenfalls nach Injektion von Östrogenen gefunden wurden. So berichteten BELL, SMITH u. ERHARDT, daß bei einer Anzahl von Lämmern Mastdarmvorfall sowie starke Schwellung und Rötung der Rektalgegend auftraten. KOCH u. HEIM sahen Inappetenz und Depressionserscheinungen, die von uns bei Hammeln und Rindern gleichfalls festgestellt wurden. JORDAN fand Harnverhaltung, Entzündungen im Harntraktus, Erscheinungen am Genitalapparat sowie Milchbildung. Etwas ähnliches zeigten Hammel, die von uns mit 200 mg Fol. gespritzt worden waren, einige Tage nach der Injektion, wobei es auch zum Anschwellen des Euters kann. Bei einem Hammel konnten wenige ml einer milchähnlichen Flüssigkeit entleert werden, in welcher ein Fettgehalt von 2,5% festgestellt wurde. POPPE berichtet, daß sich bei der Untersuchung einer solchen „Hammelmilch" am 50. Versuchstage 6,25% und am 80. Versuchstage 5,81% Eiweiß vorfanden. Andererseits wird von verschiedenen Beobachtern, darunter auch JORDAN, berichtet, daß keine Veränderungen im Verhalten der Tiere auftraten. Man kann wohl von einer individuellen Empfindlichkeit gegenüber dem Hormon sprechen, welchen Standpunkt auch POPPE einnimmt.

In vorhergehenden Versuchen mit anderer Fragestellung war festgestellt worden, daß die beiden Versuchstiere mit der gefütterten Menge von 1000 g Weideheu nicht nur ihr Auskommen gefunden hatten, sondern auch geringe Zunahmen zeigten. Es konnten daher die von anderen Untersuchern gefundenen Veränderungen in der Futteraufnahme nicht ermittelt werden. Ein Einfluß auf den Appetit konnte sowohl bei H. 1 wie auch bei H. 2 (mit Ausnahme der Krankentage) ebenso wenig wie von HOMB festgestellt werden. Was den Futterverbrauch anbetrifft, so wird sowohl über eine Erhöhung (CLEGG, COLE, O'MARY u. Mitarb.) als auch über eine Verringerung von GALLOVAY u. Mitarb., von MEANS, ANDREWS u. BEESON sowie von KOCH u. HEIM und anderen berichtet. Keine Unterschiede in der Futteraufnahme fanden HALE u. Mitarb., MOCH u. HAARS, JORDAN u. MOHR. Die meisten Untersucher sprechen aber von einer Verbesserung der Futterausnützung.

In der *Wasseraufnahme* zeigt H. 1 keine Veränderungen und die Steigerung der ersteren bei H. 2 ist als Ausgleich für den Wasserverlust nach dem Durchfall anzusehen. Dieser wirkte sich natürlich durch eine starke Erhöhung der Kotmenge aus, während bei H. 1 nur geringe Veränderungen in derselben vorhanden sind. Nach Heilung des Durchfalls bei H. 2 liegt dann die Kotmenge beider

Tabelle 12. *Verteilung des aufgenommenen N* (%)

Tier	Periode .	Vor-	*Haupt-Periode*									
	Tage . .	14	4	4	4	4	4	4	4	4	4	6
H. 1	Kot . .	34,89	36,04	31,65	33,55	31,80	30,70	29,70	30,18	28,79	25,98	32,80
	Harn . .	64,20	58,92	57,22	55,25	57,72	42,52	32,17	45,19	45,81	51,86	54,25
	retiniert .	0,91	5,04	11,13	11,20	11,48	26,78	38,13	24,63	25,40	22,16	12,95
H. 2	Kot . .	35,56	39,20	45,78	43,43	27,97	30,74	29,74	29,31	30,84	19,59	30,84
	Harn . .	38,32	60	101,97	75,83	42,20	39,18	34,27	35,94	35,84	33,34	42,47
	retiniert .	26,12	0,80	-147,75	-119,26	29,83	30,08	35,99	34,75	33,32	47,07	26,79

Tabelle 13. *Verteilung des ausgeschiedenen N* (%)

Tier	Periode .	Vor-	*Haupt: Periode*									
	Tage . .	14	4	4	4	4	4	4	4	4	4	6
H. 1	Kot . .	35,2	38	35,6	37,8	36,3	41,9	48	40	38,6	33,4	37,7
	Harn . .	64,8	62	64,4	62,2	63,7	58,1	52	60	61,4	66,6	62,3
H. 2	Kot . .	48,1	39,5	31	36,4	39,6	44,–	46,5	44,9	46,3	37	42,1
	Harn . .	51,9	60,5	69	63,6	60,4	56,–	53,5	55,1	53,7	63	57,9

Tiere etwa in gleicher Höhe. Bei der *Harnausscheidung* sehen wir starke individuelle Unterschiede, worauf auch EVANS hinweist. Derselbe fand, daß es zwei verschiedene Gruppen von Tieren gibt, die sich in der Höhe der Harnausscheidungen unterscheiden; die eine Gruppe hat ein tägliches Harnvolumen von rd. 700 ml, während die andere ein solches von nur 500 ml hat. Dieser Unterschied ist auch bei unseren Versuchstieren vorhanden. Von einem spezifischen Einfluß des Hormons auf die Harnmenge kann bei H. 1 nicht gesprochen werden, und auch bei H. 2 ist, abgesehen von der Auswirkung des Durchfalls, ein solcher nicht vorhanden.

Der Anteil des Kotwassers sinkt im Verlaufe des Versuches, um gegen Ende desselben wiederum auf die Höhe der Ausscheidungen in der Vorperiode und darüber anzusteigen. Parallel dazu geht ein Absinken der prozentischen Ausscheidungen durch den Harn, wie dasselbe Verhalten auch in der Gesamtausscheidung von Flüssigkeit durch Harn und Kot festzustellen ist. Erst ab der ersten 12-Tage-Periode stehen dem H. 1 entsprechende Wassermengen für die Perspiratio und eine ev. Retinierung zur Verfügung. Bei H. 2 finden wir ebenso wie bei H. 1 nach der Hormongabe eine starke Steigerung der relativen Wasserausscheidung durch den Kot, die aber infolge des Durchfalls länger anhält als bei H. 1. Die durch den Harn abgegebenen Wassermengen sind aber absolut und relativ bei H. 2 bedeutend geringer als bei H. 1. Für die Retinierung und die Perspiratio stehen aber gegenüber dem H. 1 nach dem Durchfall größere Wassermengen zur Verfügung und dürfte daher, da ja die Umweltverhältnisse bei beiden Tieren gleich waren, eher mit einer Retinierung von Wasser zu rechnen sein.

Bei Hunden beobachteten DANCE, LLOYD u. PICKFORD nach Verabreichung von Diäthylstilböstrol (DES) eine Verminderung der Wasserausscheidung, und sie vermuten deshalb, daß das Neuro-Hypophysensystem auf irgend eine Weise in die DES-Wirkung einbezogen ist. DIGNAM, VOSKIAN u. ASSALI fanden beim Menschen zwar einen Rückgang der täglichen Na- und Cl-Ausscheidung, jedoch keine Beeinflussung der Wasserabgabe, während CHWALLA sowie RÖTTGER u. HECKENBACH geradezu von einer Retinierung von Wasser berichten. Diese Retinierung von Wasser durch Steroide wird von WERLE auf eine verstärkte Rückresorption von Na durch die Tubuli zurückgeführt. Nur eine mäßige Steigerung der Wasserausscheidung ergaben bei stark erhöhter Wasseraufnahme die Untersuchungen von THOMPSON bei Mäusen. Es sind also im Wasserhaushalt starke tierartliche Unterschiede vorhanden.

Von einem spezifischen Einfluß der Hormonverabreichung auf den TS-Gehalt des Kotes kann nicht gesprochen werden, wenn man nicht vielleicht die ständige Verminderung desselben im Verlauf des Versuches als solchen ansehen will. Nun wissen wir aber aus unseren Versuchen über die Mastwirkung des Fol. (NESENI), daß dieselben nach etwa $2^1/_2$–3 Monaten nachläßt. Die Zunahmen gehen dann so stark zurück, daß eine weitere Haltung der hormonalisierten Tiere unwirtschaftlich wird. Es ist daher wenig wahrscheinlich, daß die Verminderung in den einzelnen Nährstoffen auf eine Hormonwirkung zurückzuführen ist. Der Einfluß des Durchfalls auf die Zusammensetzung des Frischkotes zeigt sich bei allen Bestandteilen desselben.

Anders liegen die Verhältnisse bei der Kot-Trockensubstanz. Wie Tabelle 3 zeigt, ist die Verminderung des TS-Gehaltes des Frischkotes mit einer leichten Vermehrung des %ischen Anteils an organischer Substanz, in erster Linie einer solchen von Rohfaser und NfE verbunden, während die Rohasche etwas abgenommen hat.

Nun wurde in verschiedenen Versuchen festgestellt, daß die *Futterverwertung* bei den Hormontieren eine bessere ist und die Zuwachsrate mit einer geringeren Futtermenge erreicht wird. Auch in unserem Versuch mit Kühen (NESENI) wurde dies beobachtet. GALLOVAY u. Mitarb. geben an, daß die Versuchstiere 20% weniger Futter verzehrten als die Kontrollen, und DAMMERS spricht von etwa 14%. Auch JORDAN fand bei gleicher Fütterung eine bessere Ausnützung. WHITEHAIR, GALLUP u. BELL vertreten die Ansicht, daß durch DES die Hauptfuttermittel nicht besser ausgenützt werden, lediglich die Verdauung der Rohfaser besser sei. Bei der Verbesserung der Futterausnützung stand natürlich die Frage einer Veränderung der V.K. im Vordergrund, nur liegen unterschiedliche Ergebnisse vor. Als ersten Einfluß sehen wir zwar in unserem Versuch (Tabelle 4) eine leichte Depression unmittelbar nach Einverleibung des Hormons, an welche sich aber nach rund 8 Tagen eine Verbesserung der V.K. gegenüber der Vorperiode anschließt. BELL sowie BELL u. Mitarb., ebenso ERWIN, DYER u. ENSMINGER fanden zwar keinen Einfluß auf die Verdaulichkeit von N und Trockensubstanz, doch machten erstere schon auf eine unterschiedliche Wirkung verschieden hoher Hormondosen aufmerksam, wie auch STRÜMPLER u. BURROUGH zu demselben Resultat kommen. PRESTON, ROCHANOSAROJ und GEE sprechen sogar von einer Verschlechterung der Verdaulichkeit der Nährstoffe. Dagegen berichten STORY, CHENG u. HALE von einer Steigerung der Verdaulichkeit der Trockensubstanz von 69,8 auf 77,7%, die zum Teil auf einer Erhöhung der Verdaulichkeit des Rohproteins zurückzuführen ist. Eine leichte Erhöhung der V.K. stellen LASSITER, DENTON u. RUST bei Kälbern fest. Die Unterschiede der verschiedenen Einwirkung auf die V.K. können einmal auf die Art der verwendeten Östrogene (DES, Stilböstrol u. Fol.), weiters auf die Höhe der Eiweißgabe (STRÜMPLER u. BURROUGH) oder wie schon erwähnt, auf die Höhe der gereichten Hormonmenge zurückgeführt werden. Zu letzterem sei erwähnt, daß wir mit bedeutend größeren Hormongaben (200 mg Fol. suspension s. c.) als die anderen Untersucher arbeiteten, die das Präparat meist oral verabreichten. Die angeführte starke Verminderung der V.K. bei H. 2 infolge des Durchfalls geht mit einer starken Erhöhung des Aschengehaltes in der Kot-Trockensubstanz parallel.

Abgesehen vom N-Gehalt scheinen weitergehende *Harnuntersuchungen* nach Verabreichung von Östrogenen nicht vorgenommen worden zu sein. Bezüglich der *Harnmenge* wurde schon vorher darauf hingewiesen, daß eine Diurese nicht besteht. Nach unseren Untersuchungen gilt dies auch für die Hammel. Neben der Parallelität der *Viskosität* zur Konzentration des Harns sollen nach KLEINMANN Beziehungen zur Menge des ausgeschiedenen Harnstoffes bestehen. In unserem Fall kann man davon wohl nicht reden. Die gesteigerte *Oberflächenspannung* des Harns, welche bei beiden Tieren festgestellt wurde, scheint eine Hormonwirkung zu sein. Sowohl die Reaktion auf Lackmus als auch die Bestimmung des pH-Wertes ergaben keine gerichteten Veränderungen. Die *Titrationsazidität*, welche heute neben der Bestimmung des pH-Wertes nicht mehr dieselbe Bedeutung hat wie früher, liegt beim Schaf (10–25 ml n/10 HCl) bedeutend niedriger als beim Rind (20–30 ml, SCHERMER). Nach einer kurzen Steigerung der täglichen *Ca-Ausscheidung* durch den Harn sehen wir im späteren Verlauf des Versuches ein erhebliches Absinken derselben. Dies hängt in erster Linie mit einer stärkeren Retention von Ca als Hormonwirkung zusammen (CHWALLA). Die Östrogene beschleunigen die Verknöcherung, worauf auch DAMMERS hinweist. Eine negative Bestätigung ist in den Versuchen von COFAR, PORTER u. DAVIS zu sehen, welche bei Frauen nach Aufhören einer Östrogenbehandlung eine gesteigerte Ausscheidung von Ca feststellen konnten. Die letztgenannten Autoren sahen keine Besonderheit in der Ausscheidung von P im Harn und auch unsere Versuche verliefen in derselben Richtung. Die von CHWALLA angeführte Retention von Cl durch Östrogene kommt bei unseren beiden Versuchstieren nicht besonders zum Ausdruck, wenn auch bei diesen eine leichte Verminderung der ausgeschiedenen Cl-Mengen sichtbar wird. Über die N-Ausscheidung wird bei Besprechung der N-Bilanz noch näher eingegangen. Die ausgeschiedenen *Harnstoffmengen* nehmen im Verlauf des Versuches ab, die Kreatin- und Kreatininmenge aber in der ersten Zeit nach der Einspritzung des Hormons zu. Die von uns gefundenen Mengen an Kreatin liegen aber bedeutend höher als sie von WITZIGMANN für die Schafe angegeben sind (0,13–1,73 mg je Ltr.). Das darf aber nicht verwundern, denn es ist schon seit langem bekannt (READ), daß bei Kastraten eine Kreatinurie vorhanden ist. Dazu kommt eine weitere Steigerung derselben durch Zuführung von Östrogen (CHWALLA). Neben der Kreatin-Ausscheidung ist auch noch eine solche von Kreatinin vorhanden. Für die Schafe konnten dafür keine Werte gefunden werden, doch für das Rind geben SCHEUNERT u. TRAUTMANN eine solche von 0,135% an. Ebenso ist über die Aufteilung des Gesamtkreatinins auf vorgebildetes Kreatin und Kreatinin nichts bekannt. Von Untersuchungen an Menschen wissen wir, daß die Menge an beiden Stoffen sehr schwankt. Während bei H. 1 der Kreatinanteil von 51,4% der Gesamt-Kreatininmenge in der Vorperiode bis auf etwa 31,3% gegen Ende des Versuches zurückgeht, steigt in entsprechendem Maße die Kreatininmenge von 58,6 auf 68,7% in der vorletzten Periode. Die Mittelwerte betragen für H. 1 43% Kreatin und 57% Kreatinin, bei H. 2 31 resp. 69%. Bei H. 2 finden wir Schwankungen von 13 bis 49% für das Kreatin und 58 bis 86% für das Kreatinin. Gleich nach der Injektion stieg der Kreatinzanteil von 56,7 auf 79,7%, um dann rasch wieder auf die Höhe der Vorperiode zurückzugehen. Erwähnt sei noch, daß nach PINCUSSON im Harn von Hammeln bei Heufütterung kein Kreatin nachgewiesen werden konnte.

Interessant ist nun die *Aufteilung des ausgeschiedenen Harn-N* auf die bisher angeführten Fraktionen. Nach der Hormoneinverleibung sehen wie bei H. 1 eine starke Verminderung des Harnstoff-N und ganz geringe Änderungen des Kreatin- und Kreatinin-N. Es steigt zwar nach einiger Zeit die Harnstoff-N-Menge wieder etwas an, ohne jedoch die Werte der Vorperiode zu erreichen. Das gleiche gilt auch für H. 2, nur daß bei diesem die Verringerung wohl infolge des Durchfalls besonders stark ist. Die Werte für den Kreatin- und Kreatinin-N zeigen im Verlauf des Versuches gleichfalls die Tendenz zur Verminderung. Die Menge des „Rest-N“, die in der Vorperiode zwischen 0,5 bis 1,5% des Gesamt-N lag, zeigt große Schwankungen und stieg im Verlauf des Versuches auf über $^1/_4$ des Gesamt-N an. Zum Vergleich sollen die Werte angeführt werden, die von HUNTER für nicht-fastende Schafe angegeben werden:

Harnstoff-N	79,8	bis	84	%,
Kreatin-N	1,8	bis	3,9	%,
Kreatinin-N	3,9	bis	4,2	%.

Gleichzeitig gibt er den Gehalt an Kreatinin für das Schaf mit 1,44 g/l an, eine Menge, die etwa unseren Werten entspricht.

Was das *Reduktionsvermögen* des Harns anbetrifft, so konnte WITZIGMANN Zucker nicht nachweisen. Unsere Untersuchungen ergaben aber, daß beim Hammel ein verschieden starkes Reduktionsvermögen vorhanden ist. Wir fanden reduzierende Substanzen in Menge von 33 bis 105 mg%, wobei die hohen Werte erst gegen Ende des Versuches festgestellt wurden. Die Angaben über das Reduktionsvermögen des Harns sind sehr schwankend, und WERLE führt für den Menschen an, daß nur eine geringfügige Reduktion vorhanden ist. WEISE gibt für ♂ 0,249 und für ♀ 0,21% an und PINCUSSON für ♂ 0,238 und für ♀ 0,211%. Nach MORITZ werden 50% der Reduktion durch Harnsäure und Kreatinin veranlaßt. SCHEUNERT u. TRAUTMANN führen an, daß beim Pflanzenfresser ein oft deutliches Reduktionsvermögen vorhanden ist, welches durch verschiedene Harnbestandteile bedingt wird. Wie schon früher erwähnt, konnte nach Gärversuchen des Harns mit Hefe kein Zucker nachgewiesen und somit die Befunde von WITZIGMANN bestätigt werden.

Wir haben in unseren Versuchen eine bedeutende Verbesserung der *N-Bilanz* feststellen können. Dieser Befund geht mit dem von einer Reihe amerikanischer Untersucher parallel, wenn auch bei diesen eine Einheitlichkeit nicht besteht. So sprechen von einer Vermehrung der N-Retention PRESTON u. Mitarb., BELL, TAYLOR u. MURPHREE, DAMMERS, WHITEHAIR, GALLUP u. BELL sowie CAMPBELL u. Mitarb. STRÜMPLER u. BURROUGH fanden die N-Retention abhängig von den Eiweißmengen und war bei einer solchen von 8% schlechter als bei 14 oder 20%. Es bestand aber kein Unterschied bei DES-Gaben von 1,2 und 2,4 mg pro Lamm und Tag. Dagegen stieg nach STORY, CHENG u. HALE die N-Retention bei Lämmern mit dem Größerwerden der DES-Gaben. Was die Größe der Steigerung anbetrifft, so berichtet CLEGG, daß die Total-N-Retention bei den Versuchstieren doppelt so hoch war als bei den Kontrollen. JORDAN spricht von einer 3%igen Steigerung, trotzdem die N-Konzentration des Harns bei beiden Gruppen gleich waren. Kein Einfluß auf die N-Retention wurde von BELL sowie in anderen Versuchen von JORDAN u. BELL gesehen.

Die Verbesserung der N-Bilanz hält, wie aus unseren Untersuchungen ersichtlich ist, nur etwa 5 Wochen an, um dann wieder zurückzugehen. Ich habe schon an anderer Stelle (NESENI) darauf verwiesen und bei fast allen Untersuchungen dieser Art gefunden, daß es z. B. bei den Hähnen nach etwa 6 Wochen wiederum zu einem Wachstum der unterentwickelten Kämme und Kehllappen kommt oder daß nach spätestens 2 Monaten bei Rindern die Gewichtszunahme bedeutend nachläßt. Die starke Erhöhung der N-Retention kommt besonders bei H. 1 zum

Ausdruck, der in der Vorperiode nur eine kleine positive Bilanz aufwies. Aber auch bei H. 2, der die gleiche N-Menge bedeutend besser verwertete, ist die Steigerung sehr hoch. Deutlich tritt die Retinierung hervor, wenn wir die %ische Verteilung des *aufgenommenen* N auf Harn und Kot resp. die retinierte Menge vergleichen. Vor allem sei festgestellt, daß der Anteil des mit dem Kot und Harn ausgeschiedenen N bei unseren Versuchstieren etwas anders liegt, als z. B. von KAEMPFE angegeben wurde. Nach diesem entfielen bei Wiesenheufütterung auf

Harn	Kot	
47,8%	25,5%	bei wachsenden Tieren
50,7%	26,4%	bei erwachsenen Tieren.

Demgegenüber in unserem Versuch:

64,2%	34,9%	bei H. 1 in der Vorperiode
45,1%	31,1%	bei H. 1 im Versuch ⌀
38,3%	35,6%	bei H. 2 in der Vorperiode
37,6%	32,7%	bei H. 2 im Versuch mit Ausnahme in der Zeit des Durchfalls.

Die dabei festgestellte Verminderung des Anteils von Kot- und Harn-N und damit Erhöhung des retinierten N geht auch aus den Untersuchungen von CLEGG und COLF hervor. Die oben angeführte starke Retinierung bei H. 1 hängt in erster Linie mit einer starken Drosselung des Harn-N-Anteils am aufgenommenen N zusammen, während bei H. 2, abgesehen von der Zeit des Durchfalls, weniger der Harn-N als der Kot-N davon betroffen wird.

Wenn wir die Verteilung des *ausgeschiedenen N* auf Harn und Kot etwas näher betrachten, so finden wir schon in der Vorperiode eine individuelle Verschiedenheit der beiden Tiere, Während H. 1 nur etwa $^1/_3$ mit dem Kot und $^2/_3$ mit dem Harn ausscheidet, sehen wir bei H. 2, daß sowohl Harn als auch Kot etwa mit den gleichen Teilen partizipieren. Während bei H. 1 der Anteil des Harn-N im Verlauf des Versuches abnimmt, um später wieder anzusteigen, sehen wir, teilweise bedingt durch den Durchfall, bei H. 2 ein Ansteigen der Harnwerte, das bis gegen Ende der Versuchszeit anhält.

Obwohl nur Teilerkenntnisse vorliegen, sei noch etwas über den wahrscheinlichen Mechanismus der Östrogenwirkung mitgeteilt. Nach BERSIN beeinflussen die Östrogene den Kohlenhydrat-Protein- und Purinstoffwechsel und wirken als Substrataktivator der Desoxyribonuclease. Auch ist bekannt, daß Ovarialhormone und künstliche Östrogene die Funktion der Schilddrüse hemmen, wie auch aus den Angaben von KMENT nach Versuchen mit J^{131} hervorgeht. Aus den Berichten von STRUEMPLER u. BURROUGH wissen wir weiter, daß DES bei den Wiederkäuern die Größe des HVL, dessen Gesamtmenge an STH und dessen Menge pro Gewichtseinheit steigert. Sie sind der Ansicht, daß der Wachstums-stimulierende Einfluß des DES bei nichtträchtigen Wiederkäuern auf eine Stimulierung des STH im tierischen Körper zurückzuführen ist. Unter der Wirkung des STH kommt es zu einer Verminderung der N-Ausscheidung, und glauben sie, daß die Wirkung des Hormons entweder in vermindertem Eiweißabbau oder gesteigerter Eiweißsynthese bestehet. Endlich sei noch angeführt, daß nach

WEISSBECKER die Östrogene auch die ACTH-Bildung im HVL und damit in Zusammenhang die Funktion der NNR steigern. Nach HOUSSAY kommt es auch zu einer Hypertrophie und Hyperplasie der Pankreasinseln.

Zusammenfassung

Mit 2 Hammeln, welche 200 mg Foloestrol-Krystallsuspension s. c. erhielten, wurden Untersuchungen im Stoffwechselkäfig durchgeführt.

Hierbei ergab sich:

1. Während der eine Hammel die Hormongabe ohne weitere Erscheinungen vertrug, trat bei dem anderen Versuchstier am Tage nach der Injektion Durchfall ein, der einige Tage anhielt. Die Kotausscheidung wurde, abgesehen von der Zeit des Durchfalls nicht beeinträchtigt, scheint aber gegen Ende der Versuchszeit etwas anzusteigen; desgleichen die Wasseraufnahme.

2. Der Trockensubstanzgehalt des Frischkotes nahm von Beginn des Versuches an langsam ab.

3. Die V.K. der einzelnen Nährstoffe wurden durch die Hormongaben verbessert.

4. In der Menge und der physikalischen Beschaffenheit des Harnes wurden keine durchgreifenden Veränderungen festgestellt.

5. Die Menge des im Harn ausgeschiedenen Ca nimmt im Verlauf des Versuches ab, desgleichen der Gesamt-N und Harnstoff, P wird nicht verändert. Die aufgetretene Kreatinurie und Kreatininurie ist für die Hormonwirkung charakteristisch.

6. Der N wird unter dem Einfluß des Hormons in verstärktem Maße retiniert und führte zu einer erhöhten positiven N-Bilanz.

Literaturverzeichnis

ANDREWS, F. N. u. BEESON, W. M.: Die Wirkung verschiedener Methoden der Östrogenzugabe auf das Wachstum und die Mast von Lämmern. J. Anim. Sci. 12, 1953, 182.

BELL, M. C.: Die Wirkung der Fütterung von Diäthylstilböstrol auf den Stoffwechsel von Ca, P und N bei Ratten und Schweinen. Agric. Res. Lab. ref. in J. Anim. Sci. 17, 1958, 1179.

BELL, T., SMITH u. A. B. ERHARDT: Die Wirkung von Diäthylstilböstrol auf Lämmer in Fütterungsversuchen. J. Anim. Sci. 13, 1954, 425.

BELL, M. C., J. R. TAYLOR u. R. L. MURPHREE: Die Wirkung der Fütterung von Stilböstrol und Harnstoff auf die Verdaulichkeit des Futters und die Retention von Ca, P und N bei Lämmern. J. Anim. Sci. 16, 1957, 821.

BERSIN, TH.: Biochemie der Hormone. Leipzig 1959, Akadem. Verlags-Ges.

CAMPBELL, C., C. McLEAN, G. SMITH, J. WELCH, D. SHELTON u. G. ANDERSON: Der Einfluß von Diäthylstilböstrol, Harnstoff und Biuret auf die Verdaulichkeit und den N-Stoffwechsel bei Lämmern. J. Anim. Sci. 15, 1956, 1264.

CHWALLA, R.: Urologische Endokrinologie. Wien 1951, Springer-Verlag.

CLEGG, M.: Die Verwendung des Diäthylstilböstrols zur Steigerung der N-Retention. ref. J. Anim. Sci. 11, 1952, 758.

CLEGG, M. T., u. H. H. COLE: Der Einfluß von Diäthylstilböstrol auf das Wachstum von Wiederkäuern. J. Anim. Sci. 13, 1954, 108.

COFAR, E. S., T. PORTER u. M. E. DAVIS: Der Einfluß des Entzuges von Östrogenen auf das N-, Ca- und P-Gleichgewicht von Frauen. J. Nutrit. 61, 1957, 357.

DAMMERS: Erfahrungen mit Stilböstrol in der Futterration für Mastrinder. 10. Tagg. Ber. Ges. f. Ernährungsphysiol. Gießen 1958.

DANCE, P., S. LLOYD u. M. PICKFORD: Die Wirkung von Stilböstrol auf die Nierenaktivität bei wachen Hunden. J. Physiol. (London) 145, 1959, 225.

DIGNAM, W. S., J. VOSKIAN u. N. ASSALI: Wirkung der Östrogene auf die Nieren-Hämodynamik und Elektrolytausscheidung beim Menschen. J. chir. Endocrin. Metabolism. 16, 1956, 1032.

ERWIN, E. S., I. A. DYER u. M. E. ENSMINGER: Die Wirkung von Chlortetracyklin, nicht eßbarem Fett, Stilböstrol und hoch- u. geringwertigem Rauhfutter auf die Leistung von Jährlingsochsen. II. Mitt. J. Anim. Sci. 15, 1956, 717.

EVANS, J. V.: Der Wasserhaushalt beim Schaf. Nature (London) 180, 1957, 756.

GALLOWAY, J., L. BRATZLER, L. BLAKESTRE u. J. MEITES: Die Wirkung von Diäthylstilböstrol-Progesteron-Implantation auf das Wachstum und die Schlachtqualität von Lämmern. ref. J. Anim. Sci. 11, 1952, 792.

HALE, W., HOMEYER, P., CULBERTSON, C., u. W. BURROUGH: Die Reaktion von Lämmern auf verschiedene Dosen von Diäthylstilböstrol. J. Anim. Sci. 14, 1955, 909.

HOMB, T.: Untersuchungen über die Ergänzung des Futters mit Diäthylstilböstrol zur Fleischproduktion. Norg. Landsbruk-Hogskole Forsingsfors. Beretn. 1958, 89.

HOUSSAY, zit. n. WEISSBECKER.

HUNTER, zit. n. DUKES: Physiology of domest. Animals, 6. Aufl. Ithaca 1947.

JORDAN, R. M., zit. n. KOCH und HEIM.

JORDAN, R. M.: Wirkung von Diäthylstilböstrol auf Wachstum und Mast der Lämmer. J. Anim. Sci. 12, 1953, 68.

JORDAN, R. u. T. BELL: Die Wirkung von Stilböstrol auf die Schlachtqualität und Schlachtverlust, sowie die N-Retention bei Lämmern. ref. J. Anim. Sci. 11, 1952, 795.

KAMPFE, E.: Der Einfluß des Silofutters, angesäuert mit Salz- und Schwefelsäure auf den N-, Ca- und P-Stoffwechsel von Schafen und Schweinen mit bes. Berücksichtigung wachsender Tiere in langfristigen Versuchen. Tierernährung 7, 1935, 290.

KLEINMANN, H., i. Handb. biol. Arbeitsmeth. IV, T. 5, 1. Hälfte, Verlag Urban & Schwarzenberg, Wien.

KMENT: 10. Tagungs-Ber. Ges. Ernährungsphysilogie, Gießen 1958.

KOCH, W. u. E. HEIM: Der Einfluß von östrogenen Hormonen auf die Schafmast und die Qualität des Schaffleisches. Z. Züchtgskde. 26, 1955, 343.

LASSITER, C., T. DENTON u. J. RUST: Die Wirkung von Chlortetracyklin und Ethomid auf das Wachstum, die Verdaulichkeit und den Blutspiegel von Harnstoff und Total-NPN bei jungen Kälbern. J. Anim. Sci. 14, 1955, 761.

MEANS, T. M., F. N. ANDREWS u. W. M. BEESON: Die Wirkung der Hormone auf Wachstum und Mast von Lämmern. J. Anim. Sci. 12, 1953, 176.

MOCH, R. u. HAARS, W.: Beitrag zur hormonalen Kastration. Berl. Münchn. tztl. Wschr. 1951, 229.

MOHR, W.: Der Einfluß von Foragynol auf die Mast von Ochsen, Kühen und Bullen. Z. Züchtgskde. 23, 1952, 273.

MORITZ, zit. n. PINCUSSON.

NESENI, R.: Stoffwechselwirkungen von Dienöstroldiacetat. I. Mitt. Z. Vit./Hormone 6, 1954, 237.

NESENI, R.: Mast- und Schlachtergebnisse von hormonalisierten tuberkulösen Schlachtrindern. Tierzucht 13, 1959.

O'MARY, A. POPE, G. WILSON, R. BRAY u. L. CASIDA: Die Wirkung von Diäthylstilböstrol, Testosteron und Progesteron auf das Wachstum, Mast- und Schlachteigenschaften von Lämmern. J. Anim. Sci. 11, 1952, 656.

PINCUSSON i. OPPENHEIMER's Handb. d. Biochemie, Bd. 5, 548, Jena 1925, Verlag Fischer.

POPPE, S.: Über die Anwendung von Diäthylstilböstrol bei der Mast von Schafen. Arch. Tierernähr. 10, 1960, 221.

PRESTON, T., V. ROCHANOSAROJ u. I. GEE: Der Einfluß von Hexöstrol auf die N-Retention und auf die Verdaulichkeit des Futters bei Lämmern. Proc. Brit. Soc. Anim. Product. 1958, 13.

READ: J. Biol. Chem. 46, 281, 1921, zitn. n. CHWALLA.

RÖTTGER, H., u. E. M. HECKENBACH: Der Einfluß der Sexualhormone auf den Wassergehalt der Frau. Arch. Gynäkologie 1901, 1957, 95.

SCHERMER: Untersuchungen über die in Nordschliswig auftretende Lecksucht der Rinder. Berl. tztl. Wschr. 1936, 549.

SCHEUNERT, E., u. K. TRAUTMANN: Lehrb. d. Vet. Physiologie, 4. Aufl. Berlin 1954, Verlag Parey.

STORY, C., E. CHENG u. W. HALE: Der Stoffwechsel des Diäthylstilböstrols bei Lämmern. ref. J. Anim. Sci. 14, 1955, 1257.

STRUEMPLER, A., u. W. BURROUGH: Der Einfluß von Stilböstrol auf die Verdaulichkeit und die Retention bei Lämmern bei niederen und höheren Eiweißgaben. J. Anim. Sci. 15, 1956, 1243.

STREUMPLER, A., u. W. BURROUGH: Diäthylstilböstrol-Fütterung und Stimulierung des Wachstumshormons bei nichtträchtigen Wiederkäuern. J. Anim. Sci. 18, 1959, 427.

THOMPSON, J.: Kein Einfluß der Östrogene auf die Wasseraufnahme. J. Biochem. Physiol. 33, 1955, 10.

WEISE in ABDERHALDENS Hdb. biolog. Arbeitsmeth. IV. T. 0, 1. Hälfte, Berlin-Wien 1931.

WEISSBECKER, L.: Klinik der Stoffwechselwirkung der Steroidhormone. II. Symposion d. Dtsch. Ges. f. Endokrinilogie, Berlin 1955, Springer-Verl.

WERLE, E. im Hdb. physiol. Chemie: Stoffwechsel Bd. IIb, Berlin 1957, Springer-Verl.

WHEITEHAIR, C. K., W. D. GALLUP u. M. C. BELL: Die Wirkung des Diäthylstilböstrol auf die Verdaulichkeit des Futters und die Ca-, P- und N-Retention bei Lämmern. J. Anim. Sci. 12, 1953, 331.

WITZIGMANN, J.: Harnuntersuchung bei den Haustieren, Hannover 1940, Verlag M. & H. Schaper.

Eingegangen am 15. 9. 1960

Aus dem Institut für Tierphysiologie und Tierernährungslehre der Universität Kiel *)
(Direktor: Professor Dr. M. BECKER)

EKKEHARD CLEMENS

Untersuchungen über den Einfluß nativer Oxalsäure auf die Entwicklung und den Calcium- und Phosphorstoffwechsel wachsender Hühner

Die Verfütterung oxalsäurehaltiger Futtermittel stellt in der Ernährung landwirtschaftlicher Nutztiere, insbesondere bei der Rindviehhaltung, ein kompliziertes Problem dar, das vom vieldiskutierten Durchfall (Rübenblattdurchfall) über Störungen im Mineralstoffhaushalt bis zu direkt toxischer Wirkung reicht.

Der Abbau der Oxalsäure wie auch ihrer Salze durch Mikroorganismen im Verdauungstrakt der Wiederkäuer, insbesondere im Pansen, aber auch bei den Omnivoren gilt heute als erwiesen [1, 2, 3, 4, 5, 6], wobei aber die Abbauraten je nach Löslichkeit der Oxalsäure, Höhe der Gabe, Länge der Versuchszeit und Futterbeschaffenheit für die Tierarten in weiten Grenzen schwanken.

Die Annahme einer laxierenden Wirkung, welche der nativen Oxalsäure besonders beim Rübenblattdurchfall zugeschrieben wird, konnte in neueren Arbeiten nicht bestätigt werden.

Akute Oxalsäurevergiftungen, wie sie nach der Aufnahme der reinen Substanz in Form von Verätzungen der Verdauungswege, Schädigungen des peripheren Nervensystems und Nekrosen der Tubuliepithelien der Nieren mit allen deren Folgeerscheinungen berichtet werden, sind unter deutschen Verhältnissen bei der Verfütterung oxalsäurehaltiger Pflanzenmaterialien wegen deren geringer Konzentration an Oxalsäure kaum zu befürchten.

Als wesentliche Grundlage der toxischen Eigenschaften der Oxalsäure wird ihre entcalcifizierende Wirkung angesehen. Deren Ursache kann sowohl auf einer Herabsetzung der Ca-Resorption durch Bildung unlöslichen Calciumoxalats beruhen, als auch in einem aktiven Calciumentzug bestehen, bei dem das Oxalsäure-Ion Calcium im Austausch gegen Alkali-Ionen durch die Darmwand aus dem Blut aufnimmt.

Neben den zahlreichen klinischen Untersuchungen über die rachitogene Wirkung der Oxalsäure waren es SCHMIDT-NIELSEN [13] und KOHMANN [14], die durch Verfütterung von Spinat- bzw. Rhabarberpulver an Ratten rachitisähnliche Erscheinungen erzielten, die jedoch nicht auftraten, wenn daneben ausreichend

*) Eine ausführliche Wiedergabe der Untersuchungen, deren Thema noch von dem verstorbenen damaligen Direktor des Instituts Herrn Prof. Dr. H. STOTZ gestellt wurde, findet sich in der Dissertation von E. CLEMENS, Kiel 1957.

Calcium und Vitamin D gegeben wurde [15]. Der Abfall der Calcium-Werte im Serum und der Anstieg der Phosphatasewerte bei *Ratten* nach Verfütterung von Rhabarberpulver wird in der gleichen Richtung gedeutet [16].

Demgegenüber stehen die Beobachtungen von TARJAN und Mitarb., die selbst bei einer dem Ca-Gehalt des Futters äquivalenten Oxalsäuregabe sowohl in chemisch reiner Form als auch als Sauerampferpulver nur in der 10. Woche eine vorübergehende Abnahme des Aschegehaltes und damit der Bruchfestigkeit der Knochen feststellten [17].

Auch die Verhältnisse der Calcium- und Phosphor-Werte im Serum nach Verfütterung oxalsäurehaltiger Futtermittel sind nicht hinreichend geklärt. So wurden nach Verfütterung von Rübenblatt sowohl hohe Calcium- und niedrige Phosphor-Gehalte [18] als auch niedrige Calciumgehalte [19] oder unveränderte Calcium- und Phosphor-Werte im Serum gefunden [1].

Um die Wirkung nativer Oxalsäure auf den Mineralstoffwechsel zu klären, *wurden Fütterungsversuche mit wachsenden Hennen durchgeführt.* Es wurde dabei von der Voraussetzung ausgegangen, daß die hochgezüchteten, schnellwachsenden Geflügelrassen einen intensiven Mineralstoffwechsel besitzen und sich dadurch experimentell erzeugte Störungen schnell und deutlich auswirken müssen. Zum anderen ist eine nennenswerte bakterielle Zersetzung des Nahrungsbreies bis zum resorbierenden Darmabschnitt nicht vorhanden [20], so daß die lösliche Oxalsäure des Futters, sofern sie nicht vorher durch einen im übrigen Futter vorhandenen Calcium-Überschuß gefällt wurde, im Dünndarm voll zur Wirkung kommen müßte.

Calcium und Phosphor liegen im Organismus in einem bestimmten Verhältnis vor (bei Hühnern Ca : P = 1,6–1,7). Die Speicherung dieser beiden Mineralstoffe erfolgt im Knochengerüst als Hydroxylapatit. Wird dem Körper Calcium entzogen, so muß anderes Calcium aus dem Knochenskelett mobilisiert werden. Dabei wird gleichzeitig Phosphor in Freiheit gesetzt und ausgeschieden [21]. Oxalsäurefütterung muß sich also über den Calciumstoffwechsel hinaus auch auf den Phosphorsäuregehalt der Tiere auswirken.

Neben einer Erfassung der Entwicklung an Hand von Calcium- und Phosphor-Bilanzen und Tieranalysen sollte deshalb mit den vorliegenden Untersuchungen die Einwirkung nativer Oxalsäure auf den Ca- und P-Stoffwechsel festgestellt werden.

Versuchsplan

Die Versuchstiere waren 56 Tage alte New-Hampshire-Hennen eines Hochzuchtbetriebes, die eine einheitliche Aufzuchtfütterung erhalten hatten. Es wurden für diese Versuche nur Hennen benutzt, um damit die geschlechtsbedingten Wachstumsunterschiede auszuschalten. Die Tiere standen während des gesamten Versuches in Stoffwechselkäfigen, deren Konstruktion ein quantitatives Arbeiten hinsichtlich der Fütterung und der Sammlung der Ausscheidungen gestattete. Der gesamte Versuch umfaßte zwei Versuchsabschnitte. Dem *Hauptversuch,* der aus vier zehntägigen Perioden bestand und in dem die eigentliche Versuchsfütterung durchgeführt wurde, ging eine zehntägige *Kontrollperiode* voraus, in der nach entsprechender Vorfütterung das Futter der Kontrollgruppe an alle Versuchstiere verabreicht wurde. Um einen Überblick über die physiologische Streuungsbreite zu gewinnen, wurden in der Kontrollperiode gleichfalls wie im Hauptversuch Calcium- und Phosphor-Stoffwechselbilanzen aufgestellt, die in Tabelle 2 wiedergegeben werden.

Nach Abschluß der gemeinsamen Kontrollperiode erfolgte die Einteilung in die eigentlichen Versuchsgruppen mit unterschiedlicher Fütterung. Danach sah die Versuchsgruppenaufstellung folgendermaßen aus (Tab. 1):

Tabelle 1

Gruppen	Futter-zusammensetzung		Ges. Ca im Futter	Ges. Oxals. im Futter	Freies Ca	Gruppen-charakteristik
	Grund-futter %	Oxalsäure-halt. Zusatz %	%	%	%	
I u. II	100,00	—	0,68	—	0,56	Kontrolle
III u. IV	92,05	7,95	0,71	0,87	0,21	Ca-Überschuß
V u. VI	87,85	12,15	0,71	1,33	0,02	Äqutv. Menge Ca und Oxalsäure
VII u. VIII	83,54	16,46	0,71	1,80	-0,19	Oxalsäure-Überschuß
IX u. X	83,54	16,46	1,06	1,80	0,16	Ca-Überschuß bei hoh. Oxalsäure-Gehalt

Jede Gruppe bestand aus zwei Tieren, und jeweils zwei Gruppen erhielten die gleiche Versuchsfuttermischung. Zu der in der Kontrollperiode verabreichten *Grundfuttermischung,* die weiterhin die Kontrollgruppen I und II erhielten, wurde in verschiedenen Mengen getrockneter Spinat als Oxalsäureträger zugemischt.

Die Grundfuttermischung setzte sich aus 7% Fleischmehl, 38,2% Mais-, 27,9% Weizen-, 24,0% Gersten- und 3,9% Haferschrot zusammen. Sie hatte einen Rohproteingehalt von 15,37% und einen Gesamtgehalt an Calcium von 0,68% und von Phosphor von 0,53%, woraus sich ein Ca/P-Verhältnis von 1,28/1 errechnete. Löslich, nicht an Phytin gebunden, waren 0,56% Calcium und 0,35% Phosphor; das ergab ein Verhältnis von löslichem Ca : löslichem P von 1,60 :1. Der Calcium- und Phosphorgehalt der Futtermischung entsprach der für dieses Entwicklungsstadium geforderten Norm. Das Futter der Gruppen III–VIII wurde auf den gleichen Gehalt an Gesamtcalcium eingestellt. Der Gehalt an *freiem Ca* im Versuchsfutter richtete sich nach der im Spinatanteil verabreichten Oxalsäuremenge unter der Annahme, daß sich der Oxalsäureüberschuß im Verdauungstrakt mit dem löslichen Calcium des Grundfutters verbindet. Es ist also *der* Calciumanteil des Futters, der den Tieren für ihre physiologischen Leistungen bestimmt zur Verfügung steht. Die Gruppen IX und X erhielten bei einem hohen Oxalsäureanteil einen Calciumüberschuß in der Futterration.

Das als oxalsäurehaltige Futterkomponente verwendete Spinatpulver wies 10,94% Gesamtoxalsäure und 6,96% wasserlösliche Oxalsäure i. Tr. auf.

Die Futtermischung wurde zur Vermeidung einer Sortierung mehlförmig verfüttert. Bei ad libitum-Fütterung richtete sich die täglich zugewogene Futtermenge nach dem Futterverzehr. Um mögliche Fehler auszuschalten, erhielten die Tiere während des Versuchs als Tränke nur destilliertes Wasser, nachdem in vorausgegangenen längeren Untersuchungen das Tränken mit destilliertem Wasser keine Störungen verursacht hatte

Über die angewendeten Analysenverfahren wird im analytischen Teil am Schluß der Arbeit berichtet.

Kurzbericht über den ersten Versuchsabschnitt (Vorperiode) (61.–70. Lebenstag) (Tab. 2)

In dieser Zeit erhielten *alle* Tiere die Grundfuttermischung. Die Zunahmen während dieser Zeit differieren etwas, doch müssen diese Schwankungen, von denen besonders die Gruppen IV und X betroffen waren, als unvermeidlich und in der individuellen Konstitution der Tiere liegend angesehen werden. Dadurch erklären sich auch die Unterschiede in der Calcium- und Phosphor-Retention (Tab. 2) aus dem Grundfutter, wobei noch mit gewissen Nachwirkungen der Aufzuchtfütterung und der Futterumstellung bei den Tieren zu rechnen ist. Störungen wurden nicht beobachtet.

Tabelle 2. *Gewichtsentwicklung sowie Calcium- und Phosphor-Retention in der Vorperiode*

Gruppe	Zunahmen g	Ca-Retention in g	Ca-Retention in % der Aufnahme	P-Retention in g	P-Retention in % der Aufnahme	Ca/P
I	119,5	0,84	19,76	0,68	22,29	1,23
II	156,5	1,02	21,79	0,81	23,89	1,25
III	121,5	0,78	18,88	0,70	23,56	1,11
IV	108,0	0,81	19,06	0,62	20,32	1,30
V	168,0	0,58	13,15	0,68	21,52	0,85
VI	144,0	0,50	11,76	0,59	19,34	0,85
VII	133,0	0,56	12,70	0,53	16,77	1,05
VIII	129,0	0,49	12,41	0,55	19,36	0,89
IX	147,0	0,99	22,25	0,87	27,27	1,13
X	91,0	0,77	18,82	0,71	21,38	1,09

Alle Zahlen auch in den späteren Tabellen sind für ein Versuchstier berechnete Durchschnittswerte.

Kurzberichte über den zweiten Versuchsabschnitt (Hauptversuch, 71,–110. Lebenstag der Tiere) (Tab. 3)

Bei allen Versuchstieren zeigte sich einige Zeit nach Versuchsbeginn ein Zurückbleiben der Entwicklung, sowohl im Gewicht, als auch beim Mineralstoffansatz. Die Futterration wurde daraufhin durch Vitaminierung mit 4000 Internationalen Einheiten Vitamin A und 400 Internationalen Einheiten Vitamin D ergänzt. Diese Zusätze wirkten sich, wie aus den Daten für die Kontrollgruppe zu entnehmen war, absolut positiv aus.

Erste Versuchsserie. Kontrollfutter ohne Oxalsäure, Gruppen I–II

Tabelle 3. *Übersicht über die Versuchsergebnisse*

a) Futterverzehr und Gewichtsentwicklung der Tiere

Tage nach Versuchsbeginn	Gruppe I			Gruppe II		
	Futterverzehr	Gewicht g	Zunahmen g	Futterverzehr	Gewicht g	Zunahmen g
0	—	885,0	—	—	960,0	—
10	599,3	983,5	98,5	641,5	1115,0	155,0
20	615,6	1123,5	140,0	747,6	1316,3	201,5
30	582,6	1227,5	104,0	769,5	1490,5	174,0
40	615,6	1345,5	118,0	760,7	1610,5	120,0

b) Calcium-Bilanzen und Phosphor-Bilanzen

Dekade	Retin. Ca-Menge g	in % d. Aufnahme d. korrig. Ca %	Retin. P-Menge g	in % d. Aufnahme des korrig. P %	Ca/P-Verhältnis der retin. Mengen
Gruppe I					
1	0,38	11,4	0,40	19,1	0,95
2	0,44	12,8	0,35	16,3	1,25
3	1,24	38,0	0,92	45,1	1,34
4	1,15	33,3	1,01	47,0	1,14
Gruppe II					
1	0,57	15,9	0,41	18,3	1,39
2	0,63	15,1	0,61	23,3	1,03
3	1,43	33,3	1,42	52,8	1,01
4	1,27	29,8	0,89	33,5	1,42

Futteraufnahme und Gewichtsentwicklung der Kontrolltiere verliefen im ganzen Versuch bei gewissen individuellen Unterschieden recht gleichmäßig und bilden damit eine befriedigende Bewertungsgrundlage für die eigentlichen Versuche. Das gleiche gilt für die Mineralstoffbilanzen.

Zweite Versuchsserie. Oxalsäurehaltiges Futter mit einem Calcium-Überschuß (Tab. 4).

Die Gesamtration der Tiere bestand aus dem oben erwähnten Grundfutter mit 92,05%, dazu Spinat mit 7,95%, jeweils auf Trockensubstanz berechnet.

Als „freies Ca" ist diejenige Ca-Menge anzusehen, welche als Überschuß über das der gleichzeitig vorhandenen Oxalsäure äquivalente Ca vorhanden ist.

Als „korrigiert" wird derjenige Ca- bzw. P-Gehalt bezeichnet, der durch Subtraktion des an Phytin gebundenen nicht verwertbaren Ca und P vom Gesamtbestand dieser Elemente erhalten wird.

Tabelle 4

a) Futterverzehr und Gewichtsentwicklung der Tiere

	Gruppe III			Gruppe IV		
Tage nach Versuchsbeginn	Futterverzehr g	Gewicht g	Zunahmen g	Futterverzehr g	Gewicht g	Zunahmen g
0	—	775,0	—	—	881,5	—
10	540,1	896,0	121,0	584,6	1007,5	126,0
20	468,2	957,0	61,0	509,6	1077,5	70,0
30	553,5	1063,0	106,0	619,9	1189,5	112,0
40	597,8	1179,0	116,0	640,6	1314,5	115,0

b) Calciumbilanzen

	Gruppe III			Gruppe IV		
Dekade	retin. Ca-Menge g	bezogen auf freies Ca %	bezogen auf korrig. Ca %	retin. Ca-Menge g	bezogen auf freies Ca %	bezogen auf korrig. Ca %
1	0,43	37,4	13,3	0,48	33,3	13,7
2	0,28	28,3	10,0	0,22	20,2	7,2
3	1,36	115,3	41,0	1,27	96,9	34,2
4	0,99	73,9	27,7	0,89	65,4	23,2

c) Phosphorbilanzen und Ca/P-Verhältnis der retinierten Mengen

	Gruppe III			Gruppe IV		
Dekade	retin. P-Menge g	bezogen auf korrig. P %	Ca : P	retin. P-Menge g	bezogen auf korrig. P %	Ca : P
1	0,52	23,6	0,8	8,05	26,1	0,8
2	0,06	3,4	4,7	0,23	11,9	1,0
3	0,82	39,1	1,7	0,67	28,5	1,9
4	0,80	35,2	1,2	0,66	27,2	1,4

Im Verlauf des Versuches traten keine bemerkbaren Störungen auf. Ein Rückgang im Futterverzehr und damit in der Entwicklung der Tiere glich sich nach der oben erwähnten Vitaminierung der Futtermischung wieder aus. Diese Erscheinung war noch deutlicher bei den Mineralstoffbilanzen. Hier setzte ein sehr starkes Nachholen der abgesunkenen Ca-P-Retentionen ein, das zu überhöhten scheinbaren Ausnutzungsquotienten der Mineralstoffe des Futters führte. Der Gesamtansatz an Ca und P erreichte nicht ganz die Höhe der für die Kontrollgruppen gefundenen Werte.

Dritte Versuchsserie. Futterrationen mit äquivalenten Mengen an Calcium und Oxalsäure (Tab. 5)

In der Gesamtration der Tiere fand sich das Grundfutter mit 87,85% und der Spinatanteil mit 12,15%, auf Trockensubstanz berechnet. Die Resultate sind in der nachstehenden Tabelle 5 wiedergegeben.

Die Blockierung des Ca, die wenigstens theoretisch bis auf einen ganz geringfügigen Rest vorlag, führte zu einer starken Hemmung der Entwicklung. Diese war in der zweiten Dekade vermutlich durch das Zusammentreffen mit anderen weniger günstigen Momenten am stärksten, verbesserte sich aber auch nachher nur unwesentlich. Der Calcium-Ansatz zeigte eine geringfügige Verwertung des Calciums im Futter, die anscheinend von der zwischenzeitlich einsetzenden Vita-

Tabelle 5

a) Futterverzehr und Gewichtsentwicklung der Tiere

	Gruppe V			*Gruppe VI*		
Tage nach Versuchsbeginn	Futterverzehr g	Gewicht g	Zunahmen g	Futterverzehr g	Gewicht g	Zunahmen g
0	—	825,0	—	—	810,0	—
10	491,4	954,5	129,5	536,1	907,5	97,5
20	388,3	978,5	24,0	444,7	922,5	15,0
30	500,8	1023,5	45,0	559,8	928,0	5,5
40	623,3	1080,5	57,0	623,3	960,0	32,0

b) Calciumbilanzen

	Gruppe V			*Gruppe VI*		
Dekade	retin. Ca-Menge	bezogen auf		retin. Ca-Menge	bezogen auf	
		Ges.-Ca	korrig. Ca		Ges.-Ca	korrig. Ca
	g	%	%	g	%	%
1	0,08	2,3	2,3	0,32	8,4	9,7
2	0,25	9,1	10,6	0,10	3,2	3,7
3	0,20	5,6	6,5	0,37	9,3	10,9
4	0,14	3,2	3,7	0,14	3,2	3,7

Fortsetzung Tabelle 5

c) Phosphorbilanzen und Ca/P-Verhältnis der retinierten Mengen

Dekade	retin. P-Menge g	bezogen auf korrig.P %	Ca : P	retin. P-Menge g	bezogen auf korrig. P %	Ca : P
1	0,42	20,9	0,2	0,64	29,1	0,5
2	0,25	15,7	1,0	0,20	11,0	0,5
3	0,44	21,5	0,45	0,64	27,9	0,6
4	0,30	11,8	0,5	0,53	20,8	0,3

min D-Zufuhr nicht beeinflußt erscheint. Man muß wohl annehmen, daß dieser Ca-Anteil der Bindung an die Oxalsäure entgangen ist oder daß eine Oxalsäure-Zersetzung in allerdings geringem Umfange stattgefunden hat. Die im ganzen völlig unzulängliche Ca-Versorgung führte etwa 20 Tage nach Beginn der Versuchsfütterung zunächst bei den Tieren der Gruppe VI, dann aber auch bei den anderen zu Beschwerden beim Stehen.

Der P-Ansatz war wesentlich weniger beeinträchtigt als der des Ca. Immerhin erreichte er bei weitem nicht die normale Höhe. Dies ist erklärlich, da wahrscheinlich nur die für die noch vorhandene Ausbildung von Fleisch und Organen benötigte P-Menge, nicht aber die für die Mineralisierung des Skeletts benötigte P-Menge angesetzt wurde. Dementsprechend ergab sich ein stark verschobenes Ca : P-Verhältnis der retinierten Elemente.

Vierte Versuchsserie. Oxalsäureüberschuß im Futter (Tab. 6)

Die Futterration dieser Versuchsgruppe setzte sich aus 83,54% Grundfutter und 16,46% Spinat (bezogen auf Trockensubstanz) zusammen. Der Oxalsäureüberschuß ist aus dem in der Tabelle 6 b aufgeführten Ca-Defizit zu ermessen.

Durch den Oxalsäureüberschuß im Futter war von vornherein mit erheblichen Störungen in Entwicklung und Gesundheit der Tiere zu rechnen. Der Futterverzehr ging zurück, war aber nicht so niedrig, daß damit das völlige Stagnieren der Gewichtsentwicklung und die schließlich einsetzenden Gewichtsabnahmen begründet sind.

Die Mineralstoffbilanzen lassen jetzt erkennen, daß der Oxalsäureüberschuß in zunehmendem Maße einen Ca-Verlust des Organismus herbeiführt. Dieser blieb allerdings zunächst hinter den Werten für das theoretische Calcium-Defizit zurück, das sich errechnet, wenn man der gesamten überschüssigen Oxalsäure eine entcalcifizierende Wirkung zumißt. Es ergab sich aber ein erheblicher Anstieg des Ca-Defizits in den letzten Dekaden, besonders sichtbar bei der Gruppe VIII.

Der P-Ansatz war zunächst positiv, entsprechend der zu Versuchsbeginn noch vorhandenen Gewichtszunahme. Mit dem Stagnieren und dem späteren Rückgang des Körpergewichtes hörte auch die P-Retention auf, und es ergaben sich sogar (wenn auch geringfügig) negative P-Bilanzen. Die gesundheitlichen Störungen waren ziemlich schwer. Ein Tier der Gruppe VII mußte wegen starker Beinschwäche und häufigen tetanischen Krämpfen ausscheiden. Alle übrigen Tiere litten unter Beschwerden beim Stehen.

Tabelle 6

	Gruppe VII			*Gruppe VIII*		

a) Futterverzehr und Gewichtsentwicklung der Tiere

Tage nach Versuchsbeginn	Futter-Verzehr g	Gewicht g	Zunahmen g	Futter-verzehr g	Gewicht g	Zunahmen g
0	—	866,0	—	—	738,5	—
10	536,8	962,5	96,5	389,2	778,0	39,5
20	436,9	943,5	-19,0	326,1	772,0	- 6,0
30	367,2	918,5	-25,0	446,7	667,0	- 5,0
40	580,8	913,5	- 5,0	491,4	772,0	5,0

b) Calciumbilanzen

Dekade	berechn, Ca-Defizit g	Ca-Bilanz g	bezogen auf d. Ca-Defizit %	berechn. Ca-Defizit g	Ca-Bilanz g	bezogen auf d. Ca-Defizit %
1	1,03	0	—	0,74	-0,21	29,4
2	0,83	-0,04	4,9	0,62	-0,12	19,4
3	0,70	-0,32	45,7	0,86	-0,36	41,9
4	1,11	-0,46	41,4	0,94	-0,65	69,1

c) Phosphorbilanzen

Dekade	retin. P-Menge g	bezogen auf korrig. P %	retin. P-Menge g	bezogen auf korrig. P %
1	0,55	23,3	0,29	17,0
2	0,16	8,3	0,18	12,6
3	-0,13	—	-0,10	—
4	-0,01	—	-0,04	—

Fünfte Versuchsserie. Hoher Oxalsäuregehalt des Futters, kompensiert durch überschüssiges Calcium

Die Gesamtration der Tiere setzte sich, ebenso wie bei der vierten Versuchsserie, aus 83,54% Grundfutter und 16,46% Spinat, auf Trockensubstanz berechnet, zusammen. Dazu kam je kg Futtertrockenmasse eine Zulage von 5,92 g $CaCO_3$, so daß ein berechneter Calciumüberschuß von 0,16% vorlag. Versuchsdaten und -resultate sind aus der nachstehenden Tabelle 7 zu ersehen.

Tabelle 7

	Gruppe IX			*Gruppe X*		

a) Futterverzehr und Gewichtsentwicklung der Tiere

Tage nach Versuchs-beginn	Futter-verzehr g	Gewicht g	Zunahmen g	Futter-verzehr g	Gewicht g	Zunahmen g
0	—	718,0	—	—	681,0	—
10	447,6	788,0	70,0	492,4	813,0	132,0
20	447,6	849,0	61,0	470,3	861,0	48.0
30	490,2	930,0	81,0	514,8	953,5	92,5
40	649,1	1056,0	126,0	626,7	1061,5	108,0

b) Calciumbilanzen

Dekade	retin. Ca-Menge g	bezogen auf freies Ca %	bezogen auf korrig. Ca %	retin. Ca-Menge g	bezogen auf freies Ca %	bezogen auf korrig. Ca %
1	0,71	100,0	16,6	0,62	79,5	13,1
2	0,74	104,2	17,2	0,65	87,8	14,4
3	0,89	115,6	18,9	0,65	79,3	13,2
4	0,93	90,3	14,9	0,98	99,0	16,3

c) Phosphorbilanzen und Ca/P-Verhältnis der retinierten Mengen

Dekade	retin. P-Menge g	bezogen auf korrig. P %	Ca : P	retin. P-Menge g	bezogen auf korrg. P %	Ca : P
1	0,37	18,8	1,9	0,28	13,0	2,2
2	0,29	14,7	2,6	0,28	13,5	2,3
3	0,37	17,2	2,4	0,30	13,3	2,2
4	0,83	29,1	1,1	0,81	29,7	1,2

Die Bindung der Oxalsäure und der darüber noch hinaus vorhandene Ca-Überschuß führte zu einer zwar nicht ganz normalen, aber immerhin wesentlich besseren Entwicklung als bei den anderen Versuchsgruppen. Die Ca-Bilanzen zeigen entsprechend denen in der 3. Versuchsserie, daß über das theoretisch freie Ca hinaus auch aus dem Grundfutter noch gewisse Ca-Mengen der Blockierung entgehen. Demgegenüber bleibt die *P-Retention* relativ stark gegenüber der normalen zurück. Dies ist wahrscheinlich damit zu erklären, daß zwar die Skelettbildung normal verlief, der für die Neubildung der übrigen Körpersubstanz wegen der geringen Zunahmen anzunehmende P-Bedarf aber entsprechend geringer war.

Weitere Untersuchungen

Analyse einzelner Körperteile

Nach Abschluß der Fütterungsversuche wurden die Tiere getötet und einzelne Körperteile auf ihren Ca- und P-Gehalt untersucht.

Vom Knochenskelett wurde die *Tibia* ausgewählt, weil dieser Knochen von allen mineralisierten Körpergeweben die größte Intensität im Mineralstoffwechsel hat [22]. Einflüsse auf den Ca- und P-Stoffwechsel mußten sich hier am deutlichsten abzeichnen.

Schon in der Länge der Tibia-Knochen prägten sich fütterungsbedingte Wachstumsunterschiede aus, insbesondere bei den Gruppen VII und VIII zeigte sich eine auffallende Kürze. Die Knochen dieser Tiere waren mürber und zerbrachen z. T. schon beim Präparieren. Die Diaphyse ließ sich leicht eindrücken. Die gehemmte Mineralisierung läßt sich besonders deutlich aus der nachfolgenden Tabelle 8 ersehen.

Tabelle 8. *Analysenwerte der Tibiaknochen. Mittelwerte der Gruppen*

Gruppen	Aschegehalt %	Calciumgehalt %	Phosphorgehalt %	Ca : P
I + II (normal)	58,7	22,0	10,0	2,20
III — IV	57,9	20,8	10,0	2,08
V + VI	51,3	18,8	9,1	2,08
VII + VIII	44,8	15,3	7,5	2,05
IX + X	50,6	18,8	8,7	2,16

Die Differenzen besonders bei den Gruppen V und VI sowie VII und VIII gegenüber der Kontrollgruppe und untereinander sind alle statistisch hoch gesichert.

Serumanalysen

Im Serum der frisch getöteten Tiere wurden Ca- und P-Bestimmungen ausgeführt. Es wurde damit also nur dieser Zeitpunkt erfaßt. Aussagen über den Verlauf der Veränderungen während der Versuchszeit können nicht gemacht werden. Die Ergebnisse sind aus der nachfolgenden Tabelle 9 zu ersehen. Die Differenzen der Analysenwerte bei den Versuchsgruppen gegenüber denen der Kontrollgruppe sind statistisch hoch gesichert.

Analyse der Federn

Auf Grund der Beobachtung, daß bei den Versuchsgruppen ein erhöhter Federnausfall auftrat, wurden auch die Federn auf ihren Gehalt an Ca und P untersucht. Es ergaben sich indessen keine sicheren Differenzen in Richtung einer Verminderung des Ca- und P-Gehaltes der Federn bei Oxalsäurefütterung gegenüber der Kontrollgruppe. Der erhöhte Federnverlust war vermutlich nur eine Folge der Futterumstellung [23].

Tabelle 9. *Calcium- und Phosphorgehalt im Serum* (mg/100 ml)

Gruppen	Calcium mg	Phosphor mg	Ca : P
I + II (normal)	10,7	18,6	0,58
III + IV	10,4	18,0	0,58
V + VI	7,5	14,7	0,51
VII + VIII	7,8	15,6	0,50
IX + X	8,1	15,0	0,54

Diskussion der Ergebnisse

Im Spinat, der zur Gattung der Chenopodiaceae gehört, liegt ein erheblicher Anteil der in ihm vorhandenen Oxalsäure als leichtlösliches Alkalioxalat vor. Auf die möglichen Schäden und Störungen, die den löslichen Oxalaten zugeschrieben werden, wurde schon in der Einleitung hingewiesen.

Durchfallserscheinungen blieben auch bei den Gruppen mit hohem Oxalsäureverzehr aus, obwohl dieser bei den Gruppen VII–X täglich durchschnittlich 0,95–1,10 g Gesamtoxalsäure je kg Lebendgewicht betrug. Ein achttägiger Testversuch mit einem 30%igen Spinatanteil in der Futtermischung bestätigte den Befund.

Es ist wenig wahrscheinlich, daß die Oxalsäure, die in den heimischen Nutzpflanzenarten in verhältnismäßig geringer Konzentration vorkommt, die Durchfallserscheinungen hervorruft, sondern hierfür liegen andere Ursachen zugrunde.

Die offensichtliche Hemmung in der Entwicklung der Gruppen V und VI (Ca der Oxalsäure äquivalent) und der Gruppen VII und VIII (Oxalsäureüberschuß) deuten auf Störungen im Mineralstoffhaushalt (Ca-Haushalt) der Tiere hin, denn andernfalls hätten bei den Gruppen IX und X (Ca-Überschuß bei hohem Oxalsäuregehalt), in deren Futter der Ca-Überschuß zwar nur gering war, ähnliche Entwicklungsstörungen auftreten müssen.

Mit den vorliegenden Befunden werden die Beobachtungen von TUBA, SILUCH und ROBINSON [16] bestätigt, die bei wachsenden Ratten nach Verfütterung von Rhabarberpulver bzw. Natriumoxalat gleichfalls Gewichtsabnahmen erhielten.

Sie lassen eine gewisse Parallelität zu den an Ratten durch Ca-Mangel experimentell erzeugten Erscheinungen vermuten, die je nach Stärke des Ca-Mangels in leichten Fällen zu Wachstumshemmungen und Störungen der Fertilität, bei hochgradigem Ca-Mangel zu Gewichtsverlusten und im fortgeschrittenem Stadium zur Paralyse der Hinterextremitäten, Absinken des Blutcalciumspiegels, Hämorrhagien und unter völliger Erschöpung zum Tode führen können [21].

Die Beinschwächen, die bei den Tieren der Gruppen VII und VIII und bei einer Henne der Gruppe VI auftraten, waren zweifellos die ersten Anzeichen solcher akuten Calciummangelschäden.

Die Analysen der Tibiaknochen und des Serums deuten in die gleiche Richtung.

Die Empfindlichkeit der Tiere gegen die durch die Oxalsäure verursachten Mangelschäden und damit der Zeitpunkt ihres Auftretens ist in starkem Maße vom disponiblen Calciumgehalt der Tiere abhängig.

Inwieweit die frühzeitig auftretenden tetanischen Erscheinungen der einen Henne aus der Gruppe VIII auf dem Unvermögen des Tieres beruhte, ausreichende Calciummengen aus den Calciumreserven des Skeletts zu mobilisieren, oder ob der verfügbare Calciumvorrat bereits erschöpft war, oder ob es sich schließlich um eine Krankheit handelte, war nicht zu entscheiden. Die Irreversibilität der Störungen ist kein Kennzeichen dafür, daß es sich nicht um eine infolge von Calciummangel verursachte Oxalsäurevergiftung handelte [24, 8]. Das vor der Injektion von $CaCl_2$ aus der Flügelvene entnommene Blut wies zwar mit 6,5 mg% Ca im Serum einen sehr niedrigen Calciumwert auf, doch lag bei einer Henne der Gruppe VI der Calciumgehalt mit 6,2 mg% noch tiefer, ohne daß Krampferscheinungen beobachtet wurden. Die von JODLBAUER [10] beobachtete Atemnot der Hühner infolge einer durch Calciummangel bedingten Unterfunktion der roten Blutkörperchen konnte bei dieser Henne nicht beobachtet werden.

Die negativen Retentionswerte zeigten deutlich, daß die vom Körper zugeschossene Calciummenge dem mit dem Futter aufgenommenen Oxalsäureüberschuß nicht völlig äquivalent war. Gleichfalls wurde bei den übrigen Versuchsgruppen, insbesondere bei den Gruppen V und VI, zeitweise, besonders nach der Vitaminierung des Futters, Calcium aus dem theoretisch als nicht verfügbar berechneten Calcium retiniert. Hierfür können eine ganze Reihe von Ursachen verantwortlich gemacht werden.

Mit einem nennenswerten bakteriellen Abbau der Oxalsäure bis zum resorbierenden Abschnitt des Verdauungstraktes war nicht zu rechnen. Der gesamte mit dem Futter zugeführte Oxalsäureüberschuß erreichte diesen Darmabschnitt, so daß eine Calciumresorption aus einer durch bakteriellen Oxalsäureabbau freigewordenen Calciummenge nicht stattfand.

Inwieweit freie, nicht an Calcium gebundene Oxalsäure von den Hühnern direkt resorbiert werden und damit in das intermediäre Stoffwechselgeschehen eingreifen kann, läßt sich mit einfachen Bilanzversuchen nicht ermitteln. Der Nachweis dürfte sich nur mittels markierter Oxalsäure erbringen lassen.

Auf Grund der kurzen Verweildauer des Nahrungsbreies im Dünndarm der Hühner war eine vollständige Fällung der löslichen Oxalsäure durch das Futtercalcium und bei einem Oxalsäureüberschuß ein totaler Austausch der Alkali-Ionen der Oxalate gegen das Körpercalcium wahrscheinlich nicht möglich. Ferner kann die schlechte Ausverdauung der Nahrung durch die Hühner [20], wodurch ein Teil der löslichen Oxalsäure in der Pflanzenzelle verblieb, sowie auch eine gewisse Schutzkolloidwirkung einiger organischer Pflanzenstoffe eine vollständige Auswirkung des Oxalsäureüberschusses verhindet haben.

Tatsächlich konnten bei Testuntersuchungen im Kot der Gruppen VII und VIII 0,15–0,25% wasserlösliche Oxalsäure in der Trockensubstanz nachgewiesen werden. Damit dürfte ein Teil des Calciums, das auf Grund stöchiometrischer Berechnungen als blockiert angesehen wurde, verfügbar gewesen sein.

Die Calciumverluste der Gruppen VII und VIII aus dem Körper und die Calcium-Retentionsquoten der Gruppen V und VI wurden im Gegensatz zum Calciumansatz der übrigen Gruppen durch eine Zufütterung von Vitamin D_3 nicht beeinflußt.

Die Phosphorretention folgte mit etwas größerer Schwankungsbreite dem Verlauf der Calciumretention.

Die ständige Unterversorgung der Gruppen V, VI und IX, X mit resorbierbarem Calcium führte zu einer deutlichen Verringerung im Aschegehalt der Tibiaknochen dieser Gruppen. Die Gruppen VII und VIII, bei denen ständig Calciumverluste auftraten, wiesen selbst gegenüber den vorgenannten Gruppen signifikant noch niedrigere Aschegehalte der Tibiae auf. Das gleiche Bild zeigte sich in den Phosphorwerten der Tibiaknochen. Da sich der Mineralgehalt des Organismus mit dem des Skeletts im Gleichgewicht befindet, wurde der ständige Calciumverlust des Körpers bei den Gruppen VII und VIII aus dem Skelett ergänzt. Dementsprechend kam es bei den unterversorgten Gruppen (V, VI und IX, X) zu einer Umlagerung und Verteilung der bereits in den Knochen vorhandenen Calciummenge auf das gesamte wachsende Skelett.

Im Knochenskelett liegen Calcium und Phosphor im wesentlichen als Hydroxylapatit in einem bestimmten Verhältnis vor. Der Um- und Abbau des Calcium im Knochenskelett bedingte gleichfalls eine Verlagerung bzw. ein Freiwerden des Phosphors. Dies ging aus dem nahezu konstanten Ca/P-Verhältnis in den Tibiae der verschieden gefütterten Gruppen hervor.

Die Calcium- und Phosphorwerte im Serum waren bei den Gruppen V–X, die einen hohen Spinatanteil im Futter erhielten, in ähnlicher Weise herabgesetzt. Ein zu niedriges Calciumangebot wirkte in dieser Beziehung ebenso wie ein ausgesprochenes Defizit. Das gleiche Absinken der Calcium- und Phosphorwerte im Serum wurde auch bei Osteomalacie beobachtet [21].

Die Nieren können bei Zufuhr größerer Oxalsäuremengen diese speichern [25, 4] und die Nieren-Epithelien nachhaltig geschädigt werden. Aus diesem Grunde wurden die Nieren auf Oxalateinlagerungen untersucht. Die mikroskopische Untersuchung ergab keinerlei Befund*). Eine mögliche Erklärung der Abweichungen der Versuchsgruppen durch beeinträchtigte Nierenfunktion wurde dadurch ausgeschlossen.

Anhang

Analytische Untersuchungsmethoden

Die Untersuchung des Futters auf Rohnährstoffe erfolgte nach dem Weender-Analysen-Verfahren.

Calcium wurde titrimetrisch nach dem Verfahren von STOTZ [26] bestimmt. Für die Analyse der sehr geringen Calciummengen in den Federn wurde die Methode etwas abgeändert. Statt der Papierfilter wurden für das Abfiltrieren des Niederschlages Porzellanfiltertiegel verwendet und der Niederschlag anschließend mit n/100 Kaliumpermanganat titriert.

*) Diese Untersuchungen wurden in dankenswerter Weise am hiesigen Pathologischen Institut (Direktor: Prof. Dr. DÖRR) vorgenommen.

Der Calciumgehalt des Serums wurde nach dem Verfahren von KRAMER und DISTALL [27] ermittelt.

Sämtliche Phosphorbestimmungen wurden aus dem schwefelsauren Aufschluß kolorimetrisch durchgeführt [28].

Die Bestimmung der Gesamtoxalsäure erfolgte nach dem Verfahren von LEHMANN und GRÜTZ [29].

Für die Erfassung der wasserlöslichen Oxalsäure (Oxalate) war eine Extraktion der vorgequollenen Analysensubstanz in der Soxhlet-Apparatur mit heißem Wasser notwendig. Der Inhalt des Extraktionskolbens wurde filtriert (Schleicher u. Schüll 589 Blauband) und quantitativ in einen 500-ml-Meßkolben überführt. Zur Fällung wurde dem Filtrat ein aliquoter Teil entnommen und in der Hitze mit Ca-Acetat gefällt. Nach einem zweistündigen Stehen auf dem Dampfbad wurde der Niederschlag abfiltriert, gewaschen, mit dem Filter in den Veresterungskolben überführt, bei 70 °C getrocknet und anschließend der Veresterung nach LEHMANN und GRÜTZ unterworfen. Dadurch wurden die lästigen weiteren Umfällungen und die durch eine gewisse Löslichkeit des Calciumoxalats verursachten Verluste vermieden.

Ein Teil des Calciums und des Phosphors im Futter, insbesondere bei einem hohen Getreideanteil, ist an Phytin gebunden und somit für die Tiere nicht verwertbar. Dieser Anteil stellt die Differenz zwischen dem Gesamtcalcium bzw. -phosphor und den löslichen, in der Arbeit als korrigiert bezeichneten Calcium- bzw. Phosphorwerten dar.

Zur Bestimmung des löslichen Calcium- und Phosphoranteils im Futter wurden enzymatische Verdauungsversuche mit Papain vorgenommen. Die in einen Erlenmeyerkolben eingewogene feingemahlene Analysensubstanz wurde nach Papainzusatz mit destilliertem Wasser aufgeschlämmt, auf pH 5,5–6 eingestellt und 24 Stunden bei 42 °C (Körpertemperatur der Hühner) bebrütet. Vor der Weiterverarbeitung wurde der pH-Wert überprüft und nötigenfalls neu eingestellt. Der Inhalt des Erlenmeyerkolbens wurde in einen 500-ml-Meßkolben überführt, mit destilliertem Wasser aufgefüllt und in ein trockenes Gefäß abfiltriert. Von dem Filtrat wurden jeweils 200 ml zur Calcium- und Phosphoranalyse mittels der obenerwähnten Verfahren abpipettiert.

Zusammenfassung

In einem Versuch an wachsenden Hennen wurde gezeigt, daß durch die Verfütterung von Spinat als Träger nativer Oxalsäure je nach Höhe des Oxalsäureanteils und des Calciumgehaltes in der Ration Störungen im Calciumstoffwechsel auftreten können. Durch die engen Beziehungen zwischen dem Calcium- und dem Phosphorstoffwechsel greift die Oxalsäure über das Calcium sekundär in den Phosphorstoffwechsel ein. Diese Abhängigkeit war jedoch nicht so stark, daß Verschiebungen im Verhältnis vom retinierten Ca/P auftreten konnten. Die bei einem Oxalsäureüberschuß im Futter verursachten Calciumverluste erreichten nicht die volle Äquivalenz zur überschüssigen Oxalsäure.

Die Gewichtsentwicklung der Tiere war bei einer dem Calciumgehalt des Futters äquivalenten Oxalsäuremenge deutlich gehemmt, bei einem Oxalsäureüberschuß im Futter stagnierte das Wachstum völlig.

Die Aschegehalte der Tibiae waren nach Zufütterung nativer Oxalsäure erniedrigt. Dieses beruhte auf einer Abnahme des Calcium- und Phosphorgehalts im Knochengewebe. Das Ca/P-Verhältnis der Knochen änderte sich praktisch nicht.

Bei den gleichen Gruppen wurden auch die Calcium- und Phosphorwerte im Serum herabgesetzt.

Ablagerungen von Oxalatkristallen in den Tubuliepithelien wurden nicht gefunden.

Literaturverzeichnis

1 BRUNE, H.: Z. Tierphysiol., Tierernährg. u. Futtermittelkd. 10, 102, 1955.

2 WATTS, P. S.: Austral. J. Agric. Res., 8, 266, 1957.

3 BRUBACHER, G., M. JUST, H. BODUR und K. BERNHARD: Hoppe-Seyler's Ztschr. 304, 173, 1956.

4 JUST, M.: Int. Z. Vitaminforsch., 28, 144, 1957.

5 OSLAGE, H. J., F. E. FARRIES, M. BECKER und E. ZORITA: Arch. Tierernährg. 10, 190, 1960.

6 OSLAGE, H. J., F. E. FARRIES und E. ZORITA: Arch. Tierernährg. 10, 200, 1960.

7 KÖRPRICH, M.: Dissert. München 1952.

8 BACHEM, C.: Sammlung von Vergiftungsfällen, 2 A, 168, 1931.

9 BALAZS, S.: Sammlung von Vergiftungsfällen, 5 A, 426, 5 C, 19, 1934.

10 JODLBAUER, A.: Arch. exp. Path. Pharmakol., 164, 464, 1932.

11 STARKENSTEIN, E.: Arch. exp. Path. Pharmakol., 77, 45, 1914.

12 THOMAS, R. O., T. A. LITOWITZ u. C. F. GESCHICKTER: Am. J. Physiol. 176, 381, 1954.

13 SCHMIDT-NIELSEN, B.: Nordisk Med., 23, 1463, 1944.

14 KOHMANN, E. F.: Chem. Zbl. II, 3717, 1939.

15 MACKENZIE, C. C. u. E. C. McCOLLUM: Am. J. Hyg., 25, 1, 1937.

16 TUBA, J., K. A. SILUCH, M. J. ROBINSON u. N. B. MADSON: Can. J. med. Sci. 30, 315, 1952.

17 TARJAN, R., E. SANDI u. A. DENES: Acta Physiol. (Budapest) 169, 346, 1954.

18 HÜTTEN, H. u. K. UHLENBRÜCK: Dt. tierärztl. Wschr. 59, 5, 1952.

19 CASPARI, W.: Biedermanns Zbl., 26, 76, 1927.

20 MANGOLD, E.: Handb. d. Ernährung u. d. Stoffwechs. d. Landw. Nutztiere, 2. Bd., 419, Springer, Berlin 1932.

21 FLASCHENTRÄGER, B. u. E. LEHNARTZ: Handbuch II/1a, 1954, Springer, Göttingen-Heidelberg.

22 CREMER, H. D., W. HERR u. H. SPÄTH: Zs. Biochem., 322, 212, 1951/52.

23 RÖMER, R.: Nutzbringende Geflügelzucht, Ulmer, Ludwigsburg 1953.

24 HERMANN, S., M. ZENTNER u. T. BUTSCHOWITZ: Arch. exp. Pathol. Pharmokol. 178, 749, 1935.

25 BRUBACHER, G., M. JUST, H. BODUR u. K. BERNHARD: Hoppe Seyler's Ztschr. 305, 248, 1956.

26 STOTZ, H.: Arch. Tierernährg. u. Tierzucht 2, 1, 1930.

27 KRAMER, B., u. A. TISDALL, zit. HINSBERG-LANG, Med. Chem., URBAN-SCHWARZENBERG, München-Berlin, 1951.

28 PULSS, G.: Landw. Forschg. im Druck.

29 LEHMANN, E.. u. W. GRÜTZ: Zs. Pflanzenernährung, Düngg., Bodenkunde, 61, 77, 153.

Eingegangen am 15. 10. 1960

Aus dem Institut für Tierernährung der Friedrich-Schiller-Universität Jena
(Direktor: Prof. Dr. A. WERNER †)

A. WERNER † und *K. GRUHN*

Untersuchungen über den Aminosäuregehalt des Rohproteins der Wiesenpflanzen in verschiedenen Wachstumsstadien

Die Wiesen- und Weidepflanzen bilden während der Sommermonate in vielen Betrieben den Hauptbestandteil der Futterration; im Winter werden sie in nicht unerheblicher Menge als Heu und Gärfutter an die landwirtschaftlichen Nutztiere verfüttert. Über den Gehalt an Rohnährstoffen und z. T. auch an Mengenelementen wurden bereits zahlreiche Untersuchungen veröffentlicht. Der Aminosäuregehalt des Grünfuttereiweißes wurde bisher im Gegensatz zu anderen Futtermitteln – HARVEY [17] – kaum systematisch untersucht. In Fortsetzung bereits begonnener Arbeiten (WERNER und HENNIG [59], WERNER und Mitarb. [60]) und als analytische Grundlage für weitere Tierversuche wurde auch aus diesem Grunde der Aminosäuregehalt des Grünfutters bestimmt. Dieses Vorgehen ist nach NEHRING [42] vorteilhaft, da die chemische Bestimmung der Aminosäuren den Tierversuch unterstützt und die Zahl der Versuche dadurch reduziert werden kann.

I. Pflanzenmaterial und Methodik

Zwei oder drei Tage vor der Mahd des 1. und 2. Schnittes wurden auf einer markierten Fläche von 20 × 20 m² die bestandsbildenden Pflanzen gesammelt. Zusätzlich erfolgte drei Wochen vor dem 1. Schnitt, z. Z. des 1. Weideauftriebes (Jugendstadium), eine Probenahme, um die Veränderung der Aminosäurewerte mit zunehmendem Pflanzenalter besser erfassen zu können. In dem gleichen Pflanzenmaterial wurden von BUGDOL [3] der Mengen- und von ANKE [1] der Spurenelementgehalt bestimmt. Die Probeentnahme wurde in der Regel erst in den späten Vormittagsstunden durchgeführt. Das Abschneiden der Pflanzen erfolgte mit einem vernickelten Skalpell. Um eine gute Durchschnittsprobe zu erhalten, wurden die einzelnen Pflanzenarten von mehreren Stellen der beschriebenen Fläche geschnitten und mindestens 100 g – meist jedoch eine größere Menge Frischmaterial – gesammelt. Die geschnittenen Grünfutterpflanzen gelangten in verschlossenen Frischhaltebeuteln in das Laboratorium. Die Untersuchungen erstreckten sich auf die Jahre 1957 und 1958, um auch jahresbedingte Einflüsse zu erfassen.

Die Pflanzennamen richten sich bei Leguminosen und Kräutern nach der von SCHMEIL und FITSCHEN [52] und bei Gräsern nach der von PETERSEN [47] angegebenen Nomenklatur.

Über die Mitteilung methodischer Einzelheiten der Hydrolyse, der papierchromatographischen Trennung und der Auswertung kann an dieser Stelle verzichtet werden, da von uns in einem Vortrag [14] über spezielle Fragen referiert wurde und in einer weiteren Arbeit über die quantitative Bestimmung von Aminosäuren in Grünfutterpflanzen berichtet wird (GRUHN [15]).

Die statistische Auswertung der Ergebnisse erfolgte nach den von LINDER [28], SNEDECOR [56] und WEBER [58] gegebenen Richtlinien.

II. Boden und Witterung

Die 1957 und 1958 auf der gleichen Fläche gesammelten Pflanzen wuchsen auf der Wiese unserer Lehr- und Versuchsstation Remderoda bei Jena (Muschelkalkverwitterungsboden). Einzelheiten über die Lage, die Bodenverhältnisse, das Klima u. a. teilt LÖHNERT [29] im Jahrbuch der Arbeitsgemeinschaft für Fütterungsberatung mit.

Während der relativ niederschlagsreichen Jahre 1956 und 1958 fielen 705,2 bzw. 660,8 mm Niederschläge. Dagegen lag die Regensumme 1957 rund 55 mm und 1959 150 mm unter dem langjährigen Mittel von 500 mm. Die sehr deutlichen Unterschiede in der Niederschlagsmenge in den Vegetationsmonaten der beiden Jahre 1957 und 1958 (1957: April 20,2 mm; Mai 26,8 mm; Juni 56,6 mm; Juli 58,4 mm; August 44,8 mm; September 69,9 mm; 1958: April 45,1 mm; Mai 112,9 mm; Juni 114,6 mm; Juli 52,3 mm; August 55,9 mm; September 34,3 mm) blieben nicht ohne Einfluß auf die Entwicklung und Qualität der Futterpflanzen.

III. Bewertungsmaßstäbe des Eiweißes

Neben sämtlichen essentiellen Aminosäuren wurden auch die nichtessentiellen Aminosäuren Tyrosin, Alanin, Glykokoll und Serin bestimmt. Versuche von FROST und SANDY [9] ergaben, daß ein Gemisch von essentiellen Aminosäuren, an Ratten verabreicht, nicht den Erfolg zeitigte wie eine zusätzliche Zufuhr von N-Verbindungen nichtessentieller Natur. Die Autoren zogen daraus die Schlußfolgerung, daß 20% N-Substanzen in nichtessentieller Form dem allgemeinen N-Haushalt zur Verfügung stehen sollen.

Sämtliche untersuchten Aminosäuren wurden auf den Hydrolysat-N bezogen, weil nach der Hydrolyse noch rund 10% N vom Gesamt-N im Rückstand nachweisbar waren [15].

Bei der Beurteilung der Ergebnisse der Bausteinanalyse wäre es nach NEHRING [40] zweckmäßig, die im Tierversuch ermittelten Bedarfszahlen an essentiellen Aminosäuren mit dem Aminosäuregehalt der Futtereiweiße zu vergleichen. Für Schweine und Geflügel, insbesondere für Küken, liegen Werte vor, jedoch sind die Bedarfszahlen für den ausgewachsenen Wiederkäuer nur unvollständig (LEROY [27]), weil die Zusammenhänge zwischen den N-Verbindungen des Futters und dem Aufbau der Eiweißbausteine durch die Bakterien und Infusorien im Pansen noch nicht ausreichend erforscht sind. Wenn auch beim ausgewachsenen Wiederkäuer ein Um- bzw. Aufbau N-haltiger Verbindungen, auch der Aminosäuren, durch die Mikroorganismen vor sich geht, darf das Ausmaß der Synthese essentieller Aminosäuren im Pansen nicht überschätzt werden (CHALMERS und SYNGE [5]). KUGENEW [24] untersuchte den Aminosäuregehalt des Eiweißes mehrerer Futterrationen und des Milchproteins bei einigen Hochleistungskühen. Nach seinen Untersuchungsergebnissen hat eine Futteration, die einseitig zusammengesetzt ist und einen geringen Lysingehalt aufweist, eine größere Senkung des Milchertrages während der Laktation zur Folge als eine Futterration, die vielseitig zusammengesetzt ist und einen höheren Lysingehalt aufweist. In späteren Versuchen stellten KUGENEW und MEDWEDEWA [25] fest, daß im Aminosäuregehalt des Kaseins der Milch zwischen Mutter- und Tochterkühen (Jersey) kein wesentlicher Unterschied besteht.

Für die Beurteilung unserer Untersuchungsergebnisse war die Errechnung der EAA-Indices (essential amino acid indices) nach OSER [46], des chemical score nach MITCHELL und BLOCK [38] und die Errechnung der von NEHRING [41] vorgeschlagenen MPV-Indices (Indices der Milchprotein-Verhältnisse) als Bewertungsmaßstab des Eiweißes zweckmäßig. Mit Hilfe der beiden auf das Eiprotein bezogenen Maßstäbe ist ein Vergleich mit den Werten anderer Autoren und mit anderen Futtermittelarten möglich. Der MPV-Index ermöglicht die Einschätzung des Wertes eines Futtereiweißes für die Fütterung laktierender Wiederkäuer, da bei dieser Tierart das Grünfutterprotein in frischer oder konservierter Form unter praktischen Verhältnissen einen großen Teil des Eiweißbedarfes deckt. Der Übersicht halber werden die von uns benutzten Bezugswerte für Vollei (OSER [46]) und Kuhmilch (NEHRING [41]) in Tabelle 1 mitgeteilt.

Tabelle 1. *Zusammensetzung der Bezugsproteine Kuhmilch und Vollei*

Proteine	Lysin %	Arginin %	Histidin %	Tryptophan %	Threonin %	Valin %	Methionin %	Leucin und Isoleucin %	Phenylalanin %
Kuhmilch	7,5	4,3	2,5	1,6	4,6	6,9	3,7	15,9	5,7
Vollei	7,0	6,6	2,4	1,5	4,3	7,2	4,0	16,9	6,3

Ferner wird in den Tabellen die Summe der essentiellen Aminosäuren (Summe EAS) im Grünfuttereiweiß errechnet. Nach MITCHELL [39] besteht auch zwischen der Summe EAS und der BW des Futtereiweißes, an Ratten, Hunden und Schweinen ermittelt, eine enge Korrelation ($r = 0{,}831$). Schließlich wird zur besseren Kennzeichnung die limitierende Aminosäure, deren niedrigste Relativzahl als chemical score mitgeteilt wird, in den Tabellen unterstrichen. Der Rohproteingehalt wurde in allen Tabellen auf die Trockensubstanz bezogen.

IV. Versuchsergebnisse

Die einzelnen Pflanzengruppen wurden in Leguminosen, Gräser und Kräuter gegliedert.

1. Der Aminosäuregehalt verschiedener Leguminosen

Die Leguminosen sind die bisher am häufigsten auf ihren Aminosäuregehalt untersuchten Grünfuttermittel.

Umfangreiches Material liegt insbesondere über Luzerne vor [2, 6, 30, 31, 33, 50, 51]. Von NEHRING und SCHWERDTFEGER [43, 44] sind für einige Leguminosen die Werte der essentielle Aminosäuren bekannt. KIK und STATEN [23] bestimmten 17 Aminosäuren, darunter alle essentiellen, in der Luzerne, in fünf Inkarnatkleesorten und in Weißem und Echtem Steinklee. MICHAEL und BLUME [36] konnten in Luzerne und Rotklee beim biologischen Abbau Verluste an Lysin, Arginin, und Tryptophan feststellen. Sie betrugen für Lysin 31%, für Arginin 13% und für Tryptophan nur 6%. Dieselben Autoren [37] prüften an den gleichen Leguminosen die Abhängigkeit der Veränderung der Lysin-, Arginin-, Histidin-, Asparaginsäure- und Glutaminsäurewerte von der Schnittzeit und dem Entwicklungszustand. KOLOUŠEK und COULSON [21] bestimmten mehrere Aminosäuren in isolierten Proteinen von Luzerneheu und in Luzerne verschiedener Wachstumsstadien [22]. In Luzerne und Rotklee bestimmten HOFFMANN [18] Glykokoll und Alanin, BURI [4] Valin, Leucin und Isoleucin, DREPPER [8] Tryptophan, Tyrosin und Phenylalanin, DOSE [7] Serin, GÖTZ [10] Lysin, Arginin und Histidin und LEGATH [20] Threonin, SINGLETON und Mitarb. [54] analysierten im Luzerneeiweiß 18 Aminosäuren, darunter auch alle essentiellen. LUGG und WELLER [34, 35] untersuchten den Arginin-, Histidin- und Lysingehalt des Blattproteins von Luzerne und Medicago denticulata sowie in Trifolium subterraneum den Gehalt an Tyrosin, Tryptophan, Cystin, Methionin, Lysin, Arginin und Histidin. SMITH und AGIZA [55] verfolgten die Veränderung von sieben essentiellen und sieben nichtessentiellen Aminosäuren der Luzerne und des Rot-, Weiß- und Schwedenklees während verschiedener Entwicklungsstadien und unter dem Einfluß der N-Düngung. Schließlich sollen noch die Untersuchungsergebnisse an Leguminosen von GORBATSCHEWA [11, 12], von ORTH und Mitarb. [45], von SCHNEIDER [53] und von ŽENIŠEK [61, 62] erwähnt werden.

In Tabelle 2 werden die Aminosäurewerte des Wiesenrotklees (Trifolium pratense), des Weißklees (Trifolium repens), des Gelbklees (Medicago lupulina) und der Vogelwicke (Vicia cracca) mitgeteilt.

Von den vier untersuchten Leguminosen hat die Vogelwicke den höchsten Rohproteingehalt. Die reiche Blattmasse dieser Pflanze ist die Ursache des hohen Wertes. Der Lysingehalt liegt bei den vier untersuchten Pflanzenarten relativ hoch und schwankt zwischen den Arten kaum. Gelbklee zeigt einen deutlich niedrigeren Histidin-, Threonin-, Methionin-, Phenylalanin- und Tyrosingehalt als die anderen drei Leguminosenarten. Von den untersuchten Wiesenleguminosen weist Vogelwicke mit 1 mg/16 mg N den niedrigsten Tryptophangehalt auf. Die limitierende Aminosäure ist Methionin. Besonders ins Auge fallend ist der hohe Leucin- und Isoleucingehalt der Wiesenleguminosen. Er liegt außer einem Wert für Weißklee über 11 mg/16 mg Hydrolysat-N.

Für die Vogelwicke ist nach den vorliegenden Untersuchungen ein niedriger Tyrosingehalt artspezifisch.

a) Die Abhängigkeit des Aminosäuregehaltes der Wiesenleguminosen vom Vegetationsstadium

In der Tabelle 3 werden die MPV-Indices der untersuchten Leguminosen mitgeteilt. Der Wiesenrotklee zeigt sowohl im Jugendstadium als auch im 1. und 2. Schnitt den sehr hohen Index von über 90. Fast der gleiche Wert wurde auch für Weißklee gefunden. Wiesenrotklee und Weißklee gleichen sich demnach im MPV-Index. Die errechneten Wertzahlen für Gelbklee sind 30% niedriger. Die Indices der Vogelwicke liegen zwischen Weiß- und Rotklee einerseits und Gelbklee andererseits. Die Indices des 2. Schnittes liegen geringfügig höher als die des ersten. Allgemein kann gesagt werden, daß die MPV-Indices von Rot- und Weißklee unabhängig vom Schnitt bei 90, die des Gelbklees bei 60 und die der Vogelwicke zwischen 70 und 80 liegen.

Tabelle 2. *Der Aminosäuregehalt des Wiesenrotklees, Weißklees, Gelbklees und der Vogelwicke im Jugendstadium, 1. und 2. Schnitt 1958* (Aminosäuren in mg/16 mg Hydrolysat-N)

Leguminosen	% Trocken-substanz	% Rohprotein	Lysin	Arginin	Histidin	Tryptophan	Threonin	Valin	Methionin	Leucin und Isoleucin	Phenylalanin	Tyrosin	Glykokoll	Alanin	Serin	Summe EAS	EAA-Index	chemical score
Jugendstadium																		
Wiesenrotklee	12,8	25,7	6,1	7,6	3,7	1,5	3,6	5,6	2,2*)	12,5	6,7	3,4	4,1	4,6	3,0	49,5	91	55
Weißklee	13,4	26,0	5,5	7,6	1,0	1,8	4,6	4,1	4,4	9,6	4,9	3,3	3,6	4,0	4,2	43,5	80	42
Vogelwicke	26,8	29,7	5,1	4,4	2,7	1,0	2,1	6,4	1,4	13,5	3,7	1,2	3,4	3,8	4,0	40,3	67	35
1. Schnitt																		
Wiesenrotklee	15,6	14,5	5,7	5,8	2,4	1,5	3,1	7,5	2,7	11,5	7,2	3,4	3,7	3,5	2,8	47,4	87	68
Weißklee	15,6	19,2	6,0	5,9	2,6	1,5	4,8	6,3	1,4	13,2	6,2	4,6	4,3	4,2	4,5	47,9	84	35
Gelbklee	20,3	16,0	5,3	3,9	1,7	1,6	2,0	6,0	0,8	11,0	2,5	1,8	3,3	4,8	4,8	34,8	57	20
Vogelwicke	18,9	23,6	5,9	5,9	2,3	1,0	2,4	5,9	2,0	13,9	5,5	0,9	3,3	3,7	4,6	44,8	75	50
2. Schnitt																		
Wiesenrotklee	26,0	15,5	6,2	6,2	4,2	1,3	2,7	7,3	2,0	12,1	6,4	3,9	4,6	4,5	4,1	48,4	87	50
Weißklee	24,5	17,2	6,4	5,5	1,9	1,9	3,6	5,5	2,6	12,8	6,7	4,5	4,9	3,9	4,0	46,9	86	65
Gelbklee	28,6	14,5	4,5	5,1	1,3	1,7	2,3	6,7	0,9	11,3	3,4	2,5	3,4	3,3	4,4	37,2	62	22
Vogelwicke	26,8	17,0	7,4	5,3	2,8	1,0	2,7	6,1	1,8	15,3	5,8	1,3	3,8	4,1	4,4	48,2	80	45

*) jeweils die limitierende Aminosäure der Futterpflanze.

Tabelle 3. *MPV-Indices der Wiesenleguminosen im Jugendstadium, 1. Schnitt und 2. Schnitt* (1958)

Leguminosen	Jugendstadium	1. Schnitt	2. Schnitt
Wiesenrotklee	95	91	92
Weißklee	84	99	90
Gelbklee	—	60	65
Vogelwicke	70	79	84

2. *Der Aminosäuregehalt verschiedener Gräser*

Der Aminosäuregehalt der Gräserarten wurde von mehreren Autoren untersucht.

ARMSTRONG [2] bestimmte Tryptophan, Tyrosin, Cystin, Methionin und Lysin in 9 Gräsern. SMITH und AGIZA [55] ermittelten die Veränderung des Aminosäuregehaltes verschiedener Vegetationsstadien und bei unterschiedlichen N-Düngergaben und N-Düngerarten im welschen Weidelgras, im Wiesenlieschgras, im Knaulgras, in zweizeiliger Gerste und im Hafer. Auch KOLOUŠEK [19, 20, 21, 22] teilt in seinen Arbeiten über die Bestimmung von Aminosäuren in Grünfutterflanzen zahlreiche Ergebnisse für Gräser mit. MICHAEL und BLUME [36, 37] untersuchten in Sommergerste die Veränderung des Lysin-, Arginin- und Tryptophangehaltes beim biologischen Abbau und bestimmten in der gleichen Graminee den Gehalt an basischen und sauren Aminosäuren in Abhängigkeit von Schnittzeit und Entwicklungsszustand. KIK und STATEN [23] bestimmten 17 Aminosäuren, darunter alle essentiellen, in Rohrschwingel, Knaulgras, Sudangras, Roggentrespe, Rohrglanzgras, Wehrloser Trespe, Bartgräsern (Andropogon scoparius und Andropogon geradii) und Liebesgras (Eragrostis curvula). LUGG [30, 31, 32, 33] führte insbesondere Gewebestudien an mehreren Gräserarten durch. Getreidepflanzen wurden von REBER und McVICAR [48, 49] und von ŽENIŠEK [61] untersucht. Aminosäurebestimmungen in Mais erfolgten von STEGER und Mitarb. [57], von ŽENIŠEK [62] und insbesondere von GORBATSCEWA [12, 13]. SCHNEIDER [53] bestimmte 16 Aminosäuren, darunter auch alle essentiellen, in Wiesenrispe, Wiesenlieschgras und Rohrglanzgras, um den Einfluß der Spurenelement- und N-Düngung zu untersuchen .

a) Der Aminosäuregehalt verschiedener Obergräser 1957

1957 wurden von der Wiese die Obergräser Glatthafer (Avena elatior), Knaulgras (Dactylis glomerata), Aufrechte Trespe (Bromus erectus), Wiesenschwingel (Festuca pratensis), Wiesenfuchsschwanz (Alopecurus pratensis), Quecke (Agropyron repens) und Rasenschmiele (Aira caespitosa) auf ihren Aminosäuregehalt untersucht (Tabelle 4).

Der Glatthafer weist von den untersuchten Obergräsern den niedrigsten Rohproteingehalt auf. Der Lysingehalt ist in dem Rohprotein der Aufrechten Trespe und Quecke am geringsten, dagegen in dem des Knaulgrases am höchsten. Das Knaulgras ist histidinarm. Der hohe Lysingehalt des Knaulgrases korrespondiert mit einem hohen Valingehalt. Glatthafer ist valinarm. Die Aufrechte Trespe weist einen erheblich niedrigeren Methioningehalt als die anderen untersuchten Obergräser auf, was auch in dem sehr niedrigen chemical score (15 im 1. Schnitt und 18 im 2. Schnitt, zum Ausdruck kommt.

Tabelle 4. *Der Aminosäuregehalt der Wiesenobergräser im Jugendstadium, 1. und 2. Schnitt 1957*

(Aminosäuren in mg/16 mg Hydrolysat-N)

Obergräser	% Trocken-substanz	% Roh-protein	Lysin	Arginin	Histidin	Tryptophan	Threonin	Valin	Methionin	Leucin und Isoleucin	Phenylalanin	Tyrosin	Glykokoll	Alanin	Serin	Summe EAS	EAA-Index	chemical score
									Jugendstadium									
Glatthafer	21,5	16,6	5,0	5,7	3.8	1,3	3,2	3,4	1,1	9,1	4,6	4,7	4,5	5,4	4,4	37,2	68	28
Knaulgras	21,5	20,2	8,1	4,6	2,2	1,1	2,7	4,0	1,0	10,8	5,5	1,6	4,7	6,1	4,2	40,0	69	25
Aufrechte Trespe .	25,0	18,1	3,9	5,6	3,6	1,3	2,4	4,3	1,2	10,5	4,9	1,3	3,1	2,7	4,4	37,7	68	30
Wiesenfuchsschwanz	24,5	17,6	6,6	4,4	3,4	1,5	3,2	4,4	1,8	10,1	5,3	2,7	3,7	4,9	3,9	40,7	77	45
Quecke	21,6	25,2	4,3	4,5	2,1	1,0	2,1	3,0	1,3	10,4	4,0	2,3	3,2	4,3	3,2	32,7	57	22
Rasenschmiele . .	25,8	17,3	4,3	3,9	2,7	1,5	2,2	3,3	1,2	10,4	3,9	2,4	3,0	4,0	3,8	33,4	60	30
									1. Schnitt									
Glatthafer	27,4	9,9	4,1	4,1	2,9	1,3	2,6	2,4	1,4	10,1	6,1	1,0	4,1	5,0	4,6	35,0	63	35
Aufrechte Trespe .	32,5	17,6	3,8	5,0	3,4	1,6	2,8	4,1	0,6	9,2	4,7	0,7	3,4	2,4	4,5	35,2	62	15
Wiesenschwingel .	28,4	11,5	5,0	4,8	1,6	1,1	3,0	3,2	1,6	8,6	4,7	3,0	4,3	5,6	3,9	33,6	61	40
Wiesenfuchsschwanz	31,4	12,0	3,9	3,2	3,0	1,2	3,6	5,3	2,1	9,8	5,1	3,4	4,0	5,9	3,9	37,2	70	48
Quecke	27,1	17,3	2,3	3,2	2,0	1,5	2,7	3,8	1,2	9,9	4,9	1,6	3,5	5,6	3,6	31,5	56	30
Rasenschmiele . .	27,2	15,4	4,0	4,7	2,1	1,3	3,1	4,8	1,2	9,3	4,2	3,1	2,5	6,3	3,4	34,7	63	30
									2. Schnitt									
Knaulgras	27,5	16,7	5,1	4,9	2,1	1,3	2,3	6,7	1,5	7,9	6,1	1,3	5,3	5,4	4,7	37,9	69	38
Aufrechte Trespe .	33,3	13,6	4,6	5,0	3,1	1,5	3,2	4,2	0,7	11,9	5,6	1,3	4,3	4,8	4,6	39,8	68	18
Wiesenschwingel .	27,7	13,7	4,6	4,5	2,0	1,3	3,7	4,3	1,3	9,6	5,5	3,7	4,8	6,1	3,7	36,8	67	32

Aus der Summe der essentiellen Aminosäuren und den Indices ist leicht zu ersehen, daß die Quecke den niedrigsten Eiweißwert aufweist. Von den im Jahre 1957 untersuchten sieben Obergräsern ist der Wiesenfuchsschwanz das Gras mit der besten Eiweißqualität.

b) Die Abhängigkeit des Aminosäuregehaltes der Obergräser vom Entwicklungsstadium

Tabelle 5. *MPV-Indices der Obergräser im Jugendstadium, 1. und 2. Schnitt (1957)*

Obergräser	Jugendstadium	1. Schnitt	2. Schnitt
Glatthafer	71	66	—
Knaulgras	70	—	73
Aufrechte Trespe	71	65	71
Wiesenschwingel	—	64	70
Wiesenfuchsschwanz . .	81	74	—
Quecke	60	59	—
Rasenschmiele	63	66	—

Der MPV-Index als Bewertungsmaßstab des Rohproteins zeigt, daß die Qualität mit dem Älterwerden der Pflanzen abnimmt (Tabelle5). Die Quecke zeigt von den untersuchten Obergräsern die geringste Abnahme, weil die Quecke bereits zur Zeit der 1. Probeentnahme (Jugendstadium) stark entwickelt war. Bei der Rasenschmiele steigt sogar aus gleichen Gründen der MPV-Index vom Jugendstadium zum 1. Schnitt an. Der 2. Schnitt ist dem 1. Schnitt im Eiweißwert überlegen, da die Pflanzen im Grummet jünger und blattreicher als im Heu sind. Unsere Ergebnisse einzelner Pflanzenorgane zeigen eindeutig, daß das Rohprotein der Blätter einen höheren Gehalt an essentiellen Aminosäuren aufweist als das der Stengel [16]. In einer kürzlich erschienenen Arbeit berichten STEGER und Mitarb. [57] u. a. über gleichlautende Ergebnisse bei Maisstengeln und -blättern. Die Unterschiede des Gehaltes an essentiellen Aminosäuren zwischen den verschiedenen Entwicklungsstadien konnten nur beim Wiesenschwingel statistisch gesichert werden ($P < 0{,}05$).

c) Der Aminosäuregehalt verschiedener Untergräser 1957

1957 wurden die Untergräser Flaumhafer (Avena pubescens), Deutsches Weidelgras (Lolium perenne), Rotschwingel (Festuca rubra), Wiesenrispe (Poa pratensis) und Gemeine Rispe (Poa trivialis) untersucht. In Tabelle 6 werden die Aminosäurewerte und die Bewertungszahlen mitgeteilt. Rotschwingel und Wiesenrispe haben den höchsten Lysingehalt von 7,3 bzw. 7,8 mg/16 mg N (Jugendstadium und 2. Schnitt). Der Lysinreichtum dieser Pflanzen ist durch den hohen Blattanteil bedingt. MICHAEL und BLUME [37] fanden ebenfalls in jungem blattreichem Material, z. B. Sommergerste (12 cm hoch), 8,5 mg/16 mg N. Im Gehalt an den beiden anderen basischen Aminosäuren sowie an Tryptophan unterscheiden sich die untersuchten Untergräser kaum. Flaumhafer weist einen relativ niedrigen Methionin- und Leucin- und Isoleucingehalt auf. Die Werte für

Tabelle 6. *Der Aminosäuregehalt der Wiesenuntergräser im Jugendstadium, 1. und 2. Schnitt 1957*
(Aminosäuren in mg/16 mg Hydrolysat-N)

Untergräser	Trocken-substanz %	Roh-protein %	Lysin	Arginin	Histidin	Tryptophan	Threonin	Valin	Methionin	Leucin und Isoleucin	Phenylalanin	Tyrosin	Glykokoll	Alanin	Serin	Summe EAS	EAA-Index	chemical score
Jugendstadium																		
Flaumhafer . . .	21,7	15,7	5,0	5,2	3,2	1,1	1,9	4,6	1,4	9 0	7,0	1,1	2,8	5,6	3,0	38,4	68	35
Deutsches Weidelgras . . .	23,1	22,4	6,5	4,7	2,4	1,3	2,8	3,5	1,7	15,2	5,7	2,7	2,8	4,0	3,8	43,8	73	42
Rotschwingel . .	28,3	20,0	7,3	6,4	3,2	1,5	3,3	4,3	1,7	12,9	4,6	2,6	3,4	4,7	4,5	45,2	80	42
Wiesenrispe . .	24,3	19,7	6,4	5,7	2,3	1,6	2,3	3,9	2,1	13,3	5,2	1,3	4,1	6,5	5,4	42,8	75	52
Gemeine Rispe .	19,2	16,0	5,6	5,7	3,7	1,5	2,8	7,2	1,2	13,8	7,1	1,1	3,3	6,3	3,8	48,6	83	30
1. Schnitt																		
Flaumhafer . .	30,6	10,2	3,8	3,0	1,9	1,4	1,3	3,5	1,2	9,3	5,2	1,9	2,4	4,5	2,9	30,6	54	30
Deutsches Weidelgras . . .	32,1	9,7	4,0	3,9	2,4	1,1	1,9	3,6	1,2	12,6	4,9	2,2	2,9	3,6	3,3	35,6	59	30
Rotschwingel . .	32,8	14,4	5,1	3,4	2,6	1,6	3,4	4,7	1,6	12,7	4,5	2,5	3,7	4,8	4,5	39,6	71	40
Wiesenrispe . .	30,4	13,6	4,1	4,6	2,7	1,2	1,8	7,0	1,6	12,8	6,5	1,1	4,7	5,0	5,2	42,3	71	40
Gemeine Rispe .	27,5	9,9	3,6	3,9	3,9	1,3	2,1	7,7	1,2	13,1	5,8	0,7	3,1	3,8	3,2	42,6	72	30
2. Schnitt																		
Flaumhafer . . .	27,4	15,0	4,5	3,9	2,5	1,4	2,6	7,0	1,7	10,2	6,1	1,1	3,1	6,3	5,1	39,9	72	42
Deutsches Weidelgras . . .	24,9	19,7	5,3	4,8	2,5	1,4	3,1	3,5	1,8	13,2	5,4	2,7	3,3	4,3	4,3	41,0	73	45
Rotschwingel . .	32,2	18,1	6,7	4,9	2,2		3,5	4,7	1,7	11,9	4,6	3,0	4,2	5,3	4,7	40,2	73	42
Wiesenrispe . .	31,2	16,9	7,8	3,5	2,4	1,5	[illegible]	6,2	2,5	11,9	6,5	2,5	4,8	5,7	4,3	45,4	82	53

Tyrosin sind auch im Flaumhafer, ferner in der Wiesenrispe und Gemeinen Rispe niedrig.

Die Bewertungszahlen zeigen, daß die Untergräser eine gute Eiweißqualität aufweisen, lediglich der Flaumhafer und das Deutsche Weidelgras, die im 1. Schnitt „hochgeschossen" waren, zeigen niedrigere Bewertungszahlen.

d) Die Abhängigkeit des Aminosäuregehaltes der Untergräser 1957 vom Entwicklungsstadium

Tabelle 7. *MPV-Indices der Untergräser im Jugendstadium, 1. und 2. Schnitt (1957)*

Untergräser	Jugendstadium	1. Schnitt	2. Schnitt
Flaumhafer	72	57	76
Deutsches Weidelgras . .	77	62	76
Rotschwingel	84	75	76
Wiesenrispe	79	74	86
Gemeine Rispe . . .	87	75	—

Die MPV-Indices der Untergräser (Tabelle 7) nehmen mit dem Älterwerden der Pflanzen stärker ab, als es bei den Obergräsern der Fall war (Tabelle 5). Wie schon bei den Obergräsern mitgeteilt, übertrifft der Eiweißwert des 2. Schnittes den des ersten. Eine statistische Auswertung der Unterschiede im Gehalt an essentiellen Aminosäuren ergab, daß beim Flaumhafer die Abnahme vom Jugendstadium zum 1. Schnitt und die Zunahme vom 1. zum 2. Schnitt mit $P < 0{,}05$ gesichert ist. Für das Deutsche Weidelgras konnten die gleichen statistisch gesicherten Beziehungen nachgewiesen werden.

e) Der Aminosäuregehalt verschiedener Gräser 1958

1958 wurden von der gleichen Wiese acht Gräser (vier Ober- und vier Untergräser) analysiert. In Tabelle 8 werden die Ergebnisse mitgeteilt. Der Gehalt an basischen Aminosäuren ist sehr hoch und erreicht oft die Werte der Bezugsproteine. Knaulgras zeigt 1958 den niedrigsten Argininwert. Ein relativ hoher Tryptophanwert ergibt sich für das Deutsche Weidelgras. Dagegen ist der Methioningehalt der 1958 untersuchten Gräser sehr niedrig. Während der Leucin- und Isoleucingehalt bei allen Gräsern ungefähr gleich ist, zeigt der Phenylalaningehalt größere Schwankungen. Glatthafer weist den niedrigsten, Rotschwingel den höchsten Phenylalaningehalt auf. Das Rohprotein des Wiesenschwingels hat einen ausgesprochen hohen Alaningehalt.

f) Die Abhängigkeit des Aminosäuregehaltes der Wiesengräser 1958 vom Vegetationsstadium

Ein Vergleich der MPV-Indices der einzelnen Vegetationsstadien (Tabelle 9) zeigt die gleiche Gesetzmäßigkeit wie im Jahre 1957: Mit dem Älterwerden der Pflanzen nimmt die Qualität des Rohproteins ab. Wiesenrispe und Glatthafer haben im Jugendstadium und im 1. Schnitt die gleichen MPV-Indices. Die Abnahme der Werte der essentiellen Aminosäuren (Jugendstadium > 1. Schnitt) ließ sich beim Knaulgras mit $P < 0{,}01$ und beim Deutschen Weidelgras ebenso wie bereits 1957 mit $P < 0{,}05$ sichern.

Tabelle 8. *Der Aminosäuregehalt der Wiesengräser im Jugendstadium, 1. und 2. Schnitt 1958*

(Aminosäuren in mg/16 mg Hydrolysat-N)

Gräser	Tr.-subst. %	Roh-prot. %	Lysin	Arginin	Histidin	Trypto-phan	Threonin	Valin	Methionin	Leucin u. Isoleucin	Phenyl-alanin	Tyrosin	Glykokoll	Alanin	Serin	Summe EAS	EAA-I nd.	chemical score
Jugendstadium																		
Glatthafer	17,7	15,9	6,0	4,5	4,0	1,4	2,3	5,4	1,9	13,7	2,5	2,3	2,7	3,5	3,3	41,7	72	40
Knaulgras	18,6	14,9	6,0	4,0	3,2	0,9	2,4	6,3	2,8	11,3	5,5	1,4	3,7	5,3	3,6	42,4	76	56
Aufrechte Trespe . .	16,9	24,0	4,1	6,9	3,8	1,5	1,6	5,6	1,9	11,5	7,1	1,8	1,9	3,4	2,0	44,0	78	37
Wiesenschwingel . .	16,5	17,9	8,4	5,4	3,2	0,8	2,8	5,9	1,6	10,8	4,6	2,9	3,7	6,4	2,6	43,5	75	40
Flaumhafer	17,9	13,8	5,8	7,0	3,3	0,9	1,7	5,2	1,7	12,5	3,1	1,8	3,1	3,8	4,0	41,2	68	40
Deutsches Weidelgras	15,2	16,7	5,2	5,1	3,6	1,7	1,8	7,1	1,4	12,9	6,8	3,1	3,2	6,5	2,4	45,6	79	35
Rotschwingel . . .	18,2	16,3	8,6	7,7	4,2	1,4	2,0	5,9	1,7	11,4	7,3	2,5	2,6	5,3	3,2	50,2	88	42
Wiesenrispe	20,6	15,1	5,6	4,7	3,6	1,4	2,8	5,4	1,6	13,2	3,8	3,4	3,3	7,7	3,6	42,1	75	40
1. Schnitt																		
Glatthafer	27,4	10,3	4,8	4,6	3,3	1,1	3,2	4,3	1,9	10,2	3,1	2,4	3,9	6,4	3,3	36,5	72	48
Knaulgras	31,8	8,1	5,2	3,1	2,3	1,5	2,2	4,9	1,5	9,9	5,0	2,9	4,2	6,8	3,9	35,6	65	38
Aufrechte Trespe . .	28,7	11,6	3,3	3,0	2,9	1,6	2,4	4,3	1,9	10,3	4,3	2,1	3,0	3,6	2,7	34,0	64	45
Wiesenschwingel . .	25,3	11,0	6,2	4,7	3,9	1,2	2,6	6,6	1,8	9,5	5,3	3,2	3,7	6,9	4,0	41,8	77	45
Flaumhafer	29,1	18,0	4,5	6,3	3,0	1,1	1,5	4,6	1,9	10,4	4,3	3,1	2,5	5,4	3,3	37,6	66	35
Deutsches Weidelgras	25,5	10,7	5,5	4,1	4.0	1,4	1,3	4,5	0,6	9,7	3,5	2,1	2,0	4,6	2,9	34,6	57	15
Rotschwingel . . .	25,5	10,6	6,6	8,3	3,1	1,2	2,0	6,0	2,2	12,6	6,2	2,5	2,5	4,9	3,0	48,2	83	47
Wiesenrispe	27,8	11,9	5,8	3,2	3,4	1,0	2,8	6,8	1,8	10,6	6,5	3,9	3,9	6,0	4,1	41,9	74	45
2. Schnitt																		
Glatthafer	35,0	8,0	4,6	4,5	2,7	1,6	2,6	4,6	2,2	9,9	2,9	1,6	3,8	4,6	3,0	35,6	68	46
Knaulgras	26,0	19,1	4,8	2,9	3,1	1,5	2,8	3,7	1,2	8,9	4,4	0,7	3,1	3,8	2,6	33,3	62	30
Aufrechte Trespe . .	29,7	10,8	5,0	6,3	2,5	1,5	2,9	5,7	2,2	13,7	7,4	3,4	3,3	6,4	2,8	47,2	84	55
Wiesenschwingel . .	23,0	12,6	6,6	5,3	2,8	1.0	3,3	6,2	1,5	11,7	4,6	3,0	3,2	8,1	2,9	43,0	76	38
Flaumhafer	26.8	16,5	4,9	4,3	3,0	1,0	2,3	5,8	2,4	12,9	3,8	1,4	3,3	5,3	4.1	40,4	71	53
Deutsches Weidelgras	22,6	13,9	6,5	3,5	3,1	1,8	2,1	6,2	0,7	13,8	4,1	3,2	3,8	5,8	4,1	41,8	68	18
Rotschwingel . . .	22,1	8,8	6,4	8,1	3,5	0,9	3,4	7,2	1,9	12,1	6,3	3,5	3,8	5,6	2,5	49,8	87	48

Tabelle 9. *MPV-Indices der Wiesengräser im Jugendstadium, 1. und 2. Schnitt 1958*

Gräser	Jugendstadium	1. Schnitt	2. Schnitt
Glatthafer	76	76	72
Knaulgras	80	68	66
Aufrechte Trespe	82	67	88
Wiesenschwingel	78	81	79
Flaumhafer	72	70	75
Deutsches Weidelgras . .	83	60	71
Rotschwingel	92	88	91
Wiesenrispe	79	78	—

g) Vergleich der Aminosäurewerte der 1957 und 1958 untersuchten Gräser in verschiedenen Vegetationsstadien

Um die Veränderung des Aminosäuregehaltes der Gräser in Abhängigkeit vom Vegetationsstadium zu prüfen, wurden die 1957 und 1958 je Aminosäure erhaltenen Werte aller Gräser in den einzelnen Vegetationsstadien verglichen. Zu diesem Zweck wurden die Werte der gleichen Pflanzen desselben Jahres statistisch geprüft. In Tabelle 10 werden die Durchschnittswerte der Aminosäuren mitgeteilt, bei denen sich 1957 oder 1958 zwischen dem Jugendstadium und dem 1. Schnitt gesicherte Unterschiede ergaben.

Tabelle 10. *Veränderung des Lysin-, Arginin- und Leucin- und Isoleucingehaltes der Wiesengräser vom Jugendstadium zum 1. Schnitt* (Aminosäuren in mg/16 mg Hydrolysat-N)

Aminosäuren	Jahr	Jugendstadium $\bar{x}$	1. Schnitt $\bar{x}$	P
Lysin . . .	1957	5,73 (11)[1]	3,96 (11)	$< 0{,}001$
	1958	6,21 (8)	5,24 (8)	$< 0{,}05$
Arginin . .	1957	5,14 (11)	3,99 (11)	$< 0{,}01$
	1958	5,67 (8)	4,65 (8)	$< 0{,}05$
Leucin und	1957	11,42 (11)	10,67 (11)	$> 0{,}05$
Isoleucin . .	1958	12,17 (8)	10,40 (8)	$< 0{,}05$

Aus Tabelle 10 ist ersichtlich, daß sowohl 1957 als auch 1958 eine gesicherte Abnahme im Lysin- und Argininggehalt vom Jugendstadium zum 1. Schnitt feststellbar ist. Deutliche Abnahmen in den Werten dieser beiden basischen Aminosäuren konnten auch SMITH und AGIZA [55] mit fortschreitendem Wachstum (Blatt-, Blüh- und Samenstadium) beim Welschen Weidelgras feststellen. MICHAEL und

[1]) Anzahl der untersuchten Pflanzen

BLUME [37] fanden in Sommergerste im Zeitraum vom frühen Jugendstadium bis zum Ährenschieben ebenfalls eine Abnahme der beiden basischen Aminosäuren. Die Verschiebungen zwischen den einzelnen Aminosäuren werden von den Autoren als Folge eines mit fortschreitendem Entwicklungszustand geänderten N-Stoffwechsels angesehen. Auch für Leucin und Isoleucin zeigen die Durchschnittswerte vom Jugendstadium zum 1. Schnitt eine Abnahme. Jedoch konnte sie nur 1958 mit $P < 0,05$ gesichert werden.

Für die Wiesennutzung kommt es demnach beim 1. Schnitt darauf an, das Gras dann zu mähen, wenn die Qualität des Grases mit einem ergiebigen Masseertrag kombiniert werden kann.

In der Tabelle 11 sind die Durchschnittswerte des 1. und 2. Schnittes mitgeteilt, deren Unterschiede sich in zwei Jahren bzw. in einem Jahr sichern ließen.

Tabelle 11. *Veränderung des Lysin-, Threonin-, Methionin-, Glykokoll- und Alaningehaltes der Wiesengräser vom 1. zum 2. Schnitt*
(Aminosäuren in mg/16 mg Hydrolysat-N)

Aminosäuren	Jahr	1. Schnitt $\overline{X}$	2. Schnitt $\overline{X}$	P
Lysin . . .	1957	3,96 (11)	5,52 (7)	$< 0,05$
	1958	5,24 (8)	5,57 (7)	$> 0,05$
Threonin . .	1957	2,59 (11)	3,08 (7)	$< 0,05$
	1958	2,25 (8)	2,76 (7)	$< 0,05$
Methionin . .	1957	1,34 (11)	1,61 (7)	$< 0,05$
	1958	1,69 (8)	1,74 (7)	$> 0,05$
Glykokoll . .	1957	3,49 (11)	4,26 (7)	$< 0,05$
	1958	3,21 (8)	3,46 (7)	$> 0,05$
Alanin . . .	1957	4,78 (11)	5,43 (7)	$< 0,05$
	1958	5,57 (8)	5,68 (7)	$> 0,05$

Die Durchschnittswerte der angeführten Aminosäuren des 2. Schnittes liegen höher als die des ersten. Die Differenzen zwischen den Werten konnten für alle fünf Aminosäuren 1957 mit $P < 0,05$ gesichert werden, jedoch war 1958 eine Sicherung nur für Threonin möglich. Lysin und Methionin sind die Aminosäuren, die das Wachstum, die Milch- und Eierleistung oft begrenzen. Nach unseren Ergebnissen ist ein gut geworbenes Grumt – geringe Blattverluste vorausgesetzt – in bezug auf die essentiellen Aminosäurewerte wertvoller als das Heu.

In Tabelle 12 sind die Aminosäurewerte mitgeteilt, bei denen gesicherte Unterschiede zwischen dem Jugendstadium und dem 2. Schnitt bestanden. Der Histidingehalt ist im 2. Schnitt geringer als im Jugendstadium. Diese Abnahme konnte jedoch nur 1958 gesichert werden. Threonin liegt dagegen in beiden Jahren im 2. Schnitt höher als im Jugendstadium. Die Differenzen ließen sich auch nur 1958 sichern. Der Glykokollgehalt ist ebenso wie der Threoningehalt im 2. Schnitt höher als im Jugendstadium. Die Zunahme ließ sich 1957 sichern.

Tabelle 12. *Unterschiede des Histidin-, Threonin- und Glykokollgehaltes der Wiesengräser zwischen dem Jugendstadium und dem 2. Schnitt*

(Aminosäuren in mg/16 mg Hydrolysat-N)

Aminosäuren	Jahr	Jugendstadium $\bar{x}$	2. Schnitt $\bar{x}$	P
Histidin . .	1957	2,96 (11)	2,40 (7)	> 0,05
	1958	3,61 (8)	2,97 (7)	< 0,01
Threonin . .	1957	2,62 (11)	3,08 (7)	> 0,05
	1958	2,18 (8)	2,76 (7)	< 0,01
Glykokoll .	1957	3,51 (11)	4,26 (7)	< 0,01
	1958	3,04 (8)	3,46 (7)	> 0,05

b) Vergleich der Aminosäurewerte der Obergräser mit denen der Untergräser 1957

In Tabelle 13 werden die Durchschnitte der Aminosäurewerte der untersuchten Ober- und Untergräser aus dem Jahre 1957 mitgeteilt. Der Lysin-, Valin-, Leucin- und Isoleucin- und Phenylalaningehalt ist in den Untergräsern höher als in den Obergräsern. Die Untergräser sind glykokollärmer. Für die restlichen 8 ermittelten Aminosäuren ist kein einheitliches Verhalten in den einzelnen Vegetationsstadien feststellbar. Jedoch liegen die Werte der Untergräser meistens höher als die der Obergräser. Daraus ergibt sich für die landwirtschaftliche Praxis, daß der Gehalt an essentiellen Aminosäuren im Futter durch vermehrte Weidenutzung, die die Untergräser fördert, erhöht werden kann. Dasselbe erreicht man auch durch verstärkte K- und P-Düngung.

In der Tabelle 14 werden die Qualitätszahlen (MPV-Indices) der 1957 und 1958 auf der Wiese untersuchten Pflanzen gegenübergestellt. Sowohl die Werte für die Obergräser als auch die für die Untergräser liegen 1958 höher als 1957. Die Unterschiede sind vor allem im 1. Schnitt sehr deutlich (Glatthafer, Wiesenschwingel, Rotschwingel, Flaumhafer). Sie sind ohne Zweifel auf die höheren Niederschläge und das dadurch bedingte bessere Pflanzenwachstum zurückzuführen. Der Blattanteil an der Gesamtpflanze war 1958 höher als 1957. Die Unterschiede des Gehaltes an essentiellen Aminosäuren zwischen den beiden Jahren konnten jedoch nur für die Aufrechte Trespe (2. Schnitt) statistisch ($P < 0{,}05$) gesichert werden.

In diesem Zusammenhang wurde ferner geprüft, inwieweit der Gehalt an Aminosäuren in Abhängigkeit vom durch die jahresbedingte Witterung beeinflußten Pflanzenwachstum verändert wird. Dazu erfolgte die Gegenüberstellung der Werte jeder Aminosäure 1957 und 1958 der Gräser, die in beiden Jahren in gleichen Vegetationsstadien geerntet wurden. Hierbei konnten recht interessante Ergebnisse erzielt werden.

Tabelle 13. *Durchschnittswerte der Aminosäuren in Ober- und Untergräsern 1957*
(Aminosäuren in mg/16 mg Hydrolysat-N)

Aminosäuren	Vegetationsstadium	Obergräser $\overline{X}$	Untergräser $\overline{X}$
Lysin	Jugendstadium	5,38 (6)	6,15 (5)
	1. Schnitt	3,83 (6)	4,11 (5)
	2. Schnitt	4,75 (3)	6,10 (4)
Arginin	Jugendstadium	4,80 (6)	5,56 (5)
	1. Schnitt	4,16 (6)	3,78 (5)
	2. Schnitt	4,80 (3)	4,28 (4)
Histidin	Jugendstadium	2,96 (6)	2,96 (5)
	1. Schnitt	2,50 (6)	2,72 (5)
	2. Schnitt	2,41 (3)	2,39 (4)
Tryptophan	Jugendstadium	1,29 (6)	1,37 (5)
	1. Schnitt	1,34 (6)	1,31 (5)
	2. Schnitt	1,37 (3)	1,44 (3)
Threonin	Jugendstadium	2,62 (6)	2,61 (5)
	1. Schnitt	2,97 (6)	2,12 (5)
	2. Schnitt	3,08 (3)	3,07 (4)
Valin	Jugendstadium	3,73 (6)	4,70 (5)
	1. Schnitt	3,94 (6)	5,31 (5)
	2. Schnitt	5,10 (3)	5,35 (4)
Methionin	Jugendstadium	1,26 (6)	1,61 (5)
	1. Schnitt	1,35 (6)	1,34 (5)
	2. Schnitt	1,17 (3)	1,93 (4)
Leucin und Isoleucin	Jugendstadium	10,22 (6)	12,86 (5)
	1. Schnitt	9,50 (6)	12,07 (5)
	2. Schnitt	9,81 (3)	11,80 (4)
Phenylalanin	Jugendstadium	4,70 (6)	5,92 (5)
	1. Schnitt	4,94 (6)	5,37 (5)
	2. Schnitt	5,73 (3)	5,65 (4)
Tyrosin	Jugendstadium	2,49 (6)	1,75 (5)
	1. Schnitt	2,12 (6)	1,70 (5)
	2. Schnitt	2,12 (3)	2,32 (4)
Glykokoll	Jugendstadium	3,71 (6)	3,27 (5)
	1. Schnitt	3,61 (6)	3,34 (5)
	2. Schnitt	4,80 (3)	3,85 (4)
Alanin	Jugendstadium	4,58 (6)	5,43 (5)
	1. Schnitt	5,14 (6)	4,34 (5)
	2. Schnitt	5,44 (3)	5,43 (4)
Serin	Jugendstadium	4,00 (6)	4,00 (5)
	1. Schnitt	3,98 (6)	3,83 (5)
	2. Schnitt	4,32 (3)	4,62 (4)

Tabelle 14. *Gegenüberstellung der MPV-Indices der Wiesengräser* (1957 und 1958)

Gräser	Jahr	Jugendstadium	1. Schnitt	2. Schnitt
Glatthafer	1957	71	66	—
	1958	76	76	72
Knaulgras	1957	70	—	73
	1958	80	68	66
Aufrechte Trespe . .	1957	71	65	71
	1958	82	67	88
Wiesenschwingel . .	1957	—	64	70
	1958	78	81	79
Flaumhafer	1957	72	57	76
	1958	72	70	75
Deutsches Weidelgras	1957	77	62	76
	1958	83	60	71
Rotschwingel . . .	1957	84	75	76
	1958	92	88	91
Wiesenrispe	1957	79	74	86
	1958	79	78	—

Die Valinwerte der Wiesengräser (Jugendstadium) lagen 1958 höher als 1957 ($P < 0{,}01$). Die höheren Werte des Histidins im Jugendstadium 1958 gegenüber 1957 ließen sich mit $P < 0{,}05$ sichern. Dagegen war im gleichen Vegetationsstadium der Seringehalt der untersuchten Gräser 1958 signifikant niedriger als 1957 ($P < 0{,}05$).

Der Vergleich des 1. Schnittes 1957 mit dem 1. Schnitt 1958 ergab, daß 1958 in den untersuchten Gräsern wieder der Valin- ($P < 0{,}05$), der Histidin- ($P < 0{,}05$) und auch der Lysingehalt ($P < 0{,}05$) höher lag als 1957. Von den untersuchten nichtessentiellen Aminosäuren war der Gehalt an Alanin 1958 gut gesichert höher ($P < 0{,}01$) als 1957. Dagegen lagen die Werte für Glykokoll 1958 niedriger als 1957 ($P < 0{,}05$).

Bei der statistischen Auswertung der Aminosäurewerte des 2. Schnittes zeigte sich, daß außer beim Serin (1957 > 1958, $P < 0{,}05$) keine gesicherten Unterschiede in den einzelnen Aminosäurewerten der Wiesengräser beider Jahre festgestellt werden konnten.

Die gesicherten Unterschiede im Aminosäuregehalt und damit im Eiweißwert, die jahresbedingt sind, können nur dann verallgemeinert werden, wenn ähnliche Boden und Witterungsverhältnisse wie unter den angeführten Versuchsbedingungen vorliegen. Die Höhe des Gehaltes an für die landwirtschaftlichen Nutztiere essentiellen Aminosäuren in den Grünfutterpflanzen wird immer dann zurückgehen, wenn sich die Blattmasse zugunsten der Stengelmasse vermindert.

In den Abbildungen 1 und 2 ist die Abhängigkeit des Milchproteinverhältnisses vom Vegetationsstadium der Wiesengräser 1957 und 1958 dargestellt. Obwohl zwsichen den beiden Jahren, gleiche Vegetationsstadien verglichen, deutliche Unterschiede im Aminosäuregehalt der Pflanzen bestanden, sind die relativen Schwankungen zwischen den drei Vegetationsstadien in beiden Jahren annähernd gleich. Aus den Abbildungen 1 und 2 geht hervor, daß die Wiesengräser durch das Vegetationsstadium in der Rohproteinqualität stärker beeinflußt wurden als durch jahresbedingte Witterungsunterschiede.

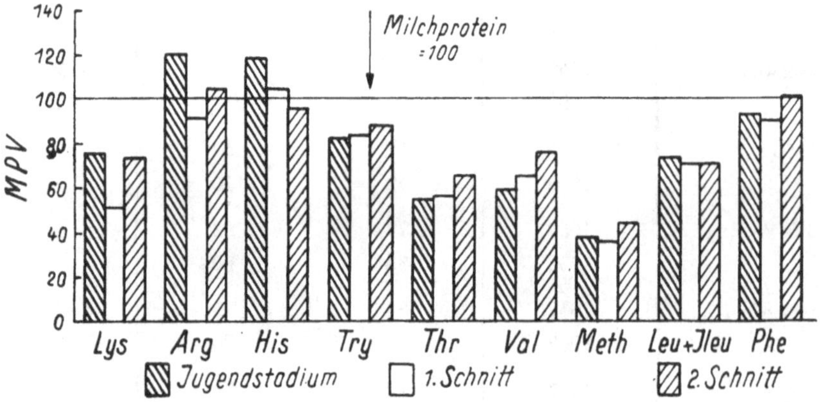

Abb. 1. Einfluß des Vegetationsstadiums auf das Milchproteinverhältnis der Wiesengräser 1957

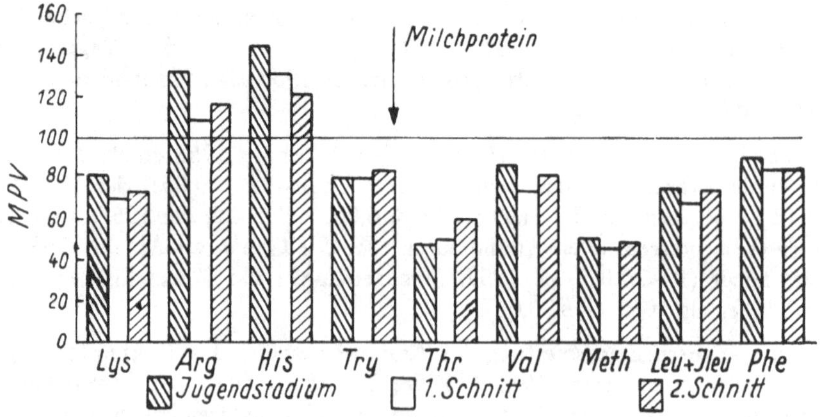

Abb. 2. Einfluß des Vegetationsstadiums auf das Milchproteinverhältnis der Wiesengräser 1958

In den Abbildungen 3 und 4 sind die Milchprotein-Verhältnisse sämtlicher analysierten Wiesenpflanzen der Jahre 1957 und 1958 zusammengestellt. Die Höhe der Säulen ist annähernd die gleiche wie die in den Abbildungen 1 und 2.

Das ist darauf zurückzuführen, daß sich die Leguminosen und Kräuter im Aminosäuregehalt unwesentlich von den Gräsern unterscheiden.

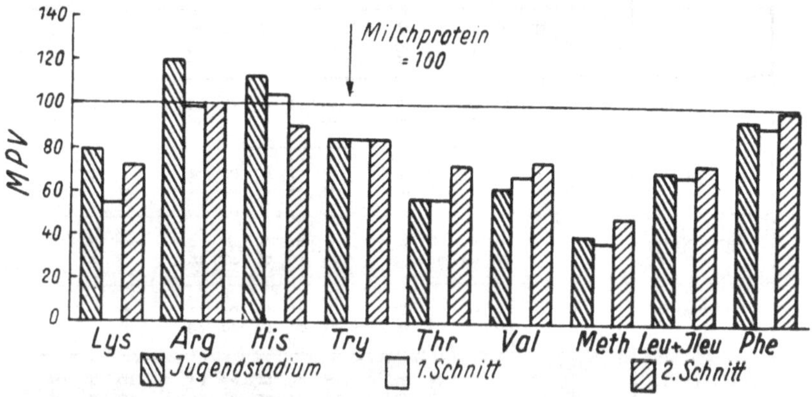

Abb. 3. Einfluß des Vegetationsstadiums auf das Milchproteinverhältnis der Wiesenpflanzen 1957

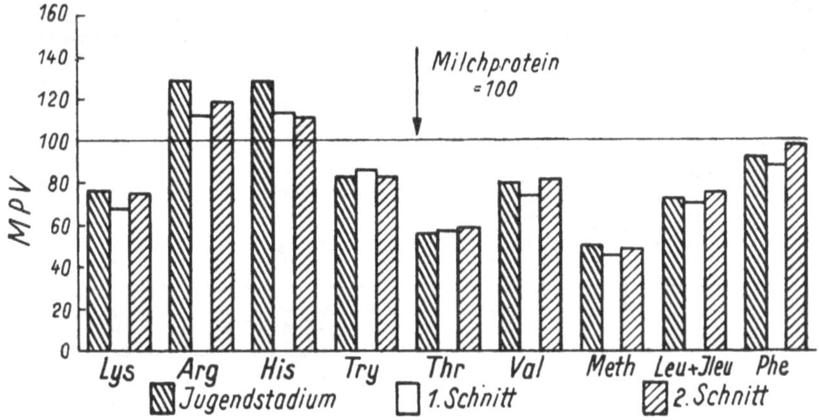

Abb. 4. Einfluß des Vegetationsstadiums auf das Milchproteinverhältnis der Wiesenpflanzen 1958

3. *Der Aminosäuregehalt verschiedener Kräuter*

ARMSTRONG [2] ermittelte den Lysin-, Histidin-, Tryptophan-, Methionin-, Tyrosin- und Cystingehalt von Schafgarbe, Spitzwegerich und Wegwarte vor und zu Beginn der Blüte. GORBATSCHEWA [12] und ŽENIŠEK [62] bestimmten den Aminosäuregehalt in Sonnenblumen. Von LUGG [30] liegen Werte der schwefelhaltigen Aminosäuren in der Melde vor. Der gleiche Autor [31] bestimmte in den Blattproteinen der Melde und des Spinats Tyrosin, Tryptophan, Methionin und Cystin. Von SCHNEIDER [53] wurden alle essentiellen und nichtessentiellen Aminosäuren in der Schafgarbe, im Löwenzahn und im Hahnenfuß bestimmt.

a) Der Aminosäuregehalt verschiedener Wiesenkräuter 1957

1957 wurden Gemeiner Löwenzahn (Taraxacum officinale), Kriechender Hahnenfuß (Ranunculus repens), Wiesenkerbel (Anthriscus silvestris), Kümmel

Tabelle 15. *Aminosäuregehalt der Wiesenkräuter im Jugendstadium, 1. und 2. Schnitt 1957*

(Aminosäuren in mg/16 mg Hydrolysat-N)

Kräuter	Trocken-substanz %	Roh-protein %	Lysin	Arginin	Histidin	Tryptophan	Threonin	Valin	Methionin	Leucin und Isoleucin	Phenylalanin	Tyrosin	Glykokoll	Alanin	Serin	Summe EAS	EAA-Index	chemical score
									Jugendstadium									
Gemeiner Löwenzahn	12,1	14,8	5,1	4,0	1,7	1,8	2,6	2,4	1,6	11,8	5,0	1,4	4,2	3,7	3,5	36,0	63	33
Kriechend. Hahnenfuß	13,0	20,2	6,5	6,6	3,7	1,5	3,0	4,1	1,7	10,5	6,4	2,1	3,4	5,0	4,3	44,0	81	42
Wiesenkerbel . . .	10,5	26,2	4,9	2,7	2,7	1,0	2,7	4,2	1,0	8,1	5,3	2,0	3,1	4,4	3,6	32,6	58	25
Kümmel	14,5	18,9	6,6	4,7	1,7	1,5	3,7	4,5	1,1	10,8	4,0	3,6	2,5	4,4	2,5	38,6	67	28
Wiesenstorchschnabel	15,8	27,0	5,2	4,6	3,3	0,9	3,2	4,8	1,8	11,0	5,2	1,5	4,6	3,2	4,1	40,0	72	45
Zypress.-Wolfsmilch	18,2	25,3	7,3	7,2	2,8	1,5	2,6	5,3	1,8	11,1	5,4	4,0	3,6	3,8	4,8	45,0	81	45
									1. Schnitt									
Gemeiner Löwenzahn	15 5	10,9	3,9	2,5	1,8	1,7	3,0	5,4	1,2	13,3	5,1	2,6	3,1	4,4	4,2	37,9	64	30
Kriechend. Hahnenfuß	13,6	11,9	4,4	6,8	3,1	1,5	2,7	4,4	1,6	9,7	5,3	2,3	3,6	4,3	5,5	39,5	74	40
Wiesenkerbel . . .	12,4	13,7	4,3	4,0	2,6	1,1	1,9	3,8	1,0	8,6	4,6	2,2	3,2	3,5	3,3	31,9	57	25
Wiesenbocksbart . .	11,4	17,9	4,9	4,2	3,2	1,4	3,8	4,8	2,1	14,3	6,1	2,7	3,8	5,3	4,0	44,8	80	52
Wiesenstorchschnabel	15,6	17,6	3,9	3,9	2,4	1,1	3,6	4,4	1,6	10,1	4,7	2,2	3,8	3,3	4,8	35,7	65	40
									2. Schnitt									
Gemeiner Löwenzahn	16,1	18,6	6,2	4,6	1,6	1,3	3,1	5,7	1,6	15,7	5,9	3,1	4,1	4,5	4,5	45,7	75	40
Kümmel	17,1	17,4	4,4	3,5	1,4	1,5	2,8	2,8	1,2	11,5	4,6	2,1	3,6	4,3	3,7	33,7	58	30
Wiesenbocksbart . .	20,6	11,2	5,2	4,2	2,3	1,1	5,0	6,8	3,6	11,2	6,2	4,0	5,3	6,0	6,2	45,6	84	64

(Carum carvi), Wiesenbocksbart (Tragopogon pratensis), Wiesenstorchschnabel (Geranium pratense) und Zypressenwolfsmilch (Euphorbia cyparissias) untersucht (Tabelle 15).

Gemeiner Löwenzahn zeigt von den Kräutern einen relativ niedrigen, Wiesenstorchschnabel einen hohen Rohproteingehalt. Die Werte für die basischen Aminosäuren sind bei den einzelnen Kräutern relativ ausgeglichen. Niedrig sind die Arginin- und Histidinwerte im Gemeinen Löwenzahn im 1. Schnitt gegenüber den anderen Pflanzen. Wiesenstorchschnabel weist einen niedrigen Tryptophanwert auf. Der Gehalt an Threonin liegt im Wiesenbocksbart recht hoch (3,8 bzw. 5 m/16 mg N); den niedrigsten Gehalt weist Wiesenkerbel (2,7 bzw. 1,9 mg N) auf. Die Summe der essentiellen Aminosäuren liegt bei Wiesenkerbel mit rund 32% am niedrigsten.

b) Abhängigkeit des Aminosäuregehaltes der Wiesenkräuter 1957 im Vegetationsstadium

In Tabelle 16 werden die Indices von vier Kräutern, die im Jugendstadium und 1. Schnitt geerntet worden sind, mitgeteilt. Es bestehen keine signifikanten Unterschiede zwischen dem Jugendstadium und dem 1. Schnitt.

Tabelle 16. *MPV-Indices der Wiesenkräuter im Jugendstadium und 1. Schnitt* (1957)

Kräuter	Jugendstadium	1. Schnitt
Gemeiner Löwenzahn	67	67
Kriechender Hahnenfuß	85	77
Wiesenkerbel	61	60
Wiesenstorchschnabel	76	68

c) Der Aminosäuregehalt verschiedener Wiesenkräuter 1958

Von der gleichen Wiese wurden 1958 Gemeiner Löwenzahn, Kriechender Hahnenfuß, Wiesenkerbel, Kümmel und Wiesenbocksbart auf die Aminosäuregarnitur untersucht.

In Tabelle 17 werden die Ergebnisse des Jugendstadiums, des 1. Schnittes und des 2. Schnittes mitgeteilt. Auch 1958 sind die Werte der basischen Aminosäuren in bezug auf die Werte der Vergleichsproteine recht günstig. Den niedrigsten Tryptophangehalt weist der Wiesenkerbel auf. Kriechender Hahnenfuß und Gemeiner Löwenzahn enthalten Tryptophanwerte, die über den Werten der Bezugsproteine liegen. Gemeiner Löwenzahn hat von den untersuchten Kräutern den höchsten Threonin- und Valingehalt. Der Methioningehalt ist auch im Jahre 1958 relativ niedrig, was sich in dem niedrigen chemical score ausdrückt. Gemeiner Löwenzahn liegt in der Prozentsumme der essentiellen Aminosäuren am höchsten, dann folgen Kriechender Hahnenfuß, Wiesenkerbel, Kümmel und Wiesenbocksbart.

Ebenso wie 1957 bestehen auch 1958 keine gesicherten Unterschiede im Aminosäuregehalt der Kräuter zwischen Jugendstadium, 1. und 2. Schnitt.

Tabelle 17. *Aminosäuregehalt der Wiesenkräuter im Jugendstadium, 1. und 2. Schnitt 1958*

(Aminosäuren in mg/16 mg Hydrolysat-N)

Kräuter	Trocken-substanz %	Roh-protein %	Lysin	Arginin	Histidin	Tryptophan	Threonin	Valin	Methionin	Leucin und Isoleucin	Phenylalanin	Tyrosin	Glykokoll	Alanin	Serin	Summe EAS	EAA-Index	chemical score
Jugendstadinm																		
Gemeiner Löwenzahn	9,7	17,6	5,8	4,5	2,3	1,8	3,0	7,4	1,6	13,5	6,1	2,0	3,1	5,6	2,1	46,0	81	40
Kriechend. Hahnenfuß	8,5	22,6	5,2	7,3	2,2	1,9	3,0	4,4	1,3	10,9	6,7	2,3	4,1	6,3	4,4	42,9	77	32
Wiesenkerbel . . .	9,1	25,4	6,5	3,7	3,8	1,0	3,1	3,8	1,3	9,2	5,6	2,3	3,4	7,2	2,9	38,0	69	32
Kümmel	11,5	15,1	5,0	4,7	3,2	1,3	2,7	4,4	1,1	9,1	5,3	1,7	2,5	4,8	2,8	36,8	67	28
Wiesenbocksbart . .	9,2	21,6	3,9	4,7	3,9	1,1	1,9	4,8	1,4	8,0	3,9	1,4	2,4	4,7	3,5	33,6	62	35
1. Schnitt																		
Gemeiner Löwenzahn	16,0	13,4	5,0	3,8	1,8	1,8	3,7	7,1	2,5	15,5	7,0	1,0	5,8	3,9	4,8	48,2	84	58
Kriechen l. Hahnenfuß	11,3	11,1	4,6	6,4	2,0	1,5	2,7	3,9	1,8	10,2	5,3	2,4	4,0	6,9	4,7	38,4	70	45
Wiesenkerbel . . .	14,0	13,9	4,7	4,1	3,3	1,3	3,3	4,0	0,9	8,3	5,4	3,4	3,9	7,1	3,1	35,3	65	22
Kümmel	16,4	10,0	4,6	5,9	3,7	1,5	2,6	3,0	1,5	11,5	3,8	1,5	3,6	3,8	3,4	38,1	69	38
Wiesenbocksbart . .	11,6	13,7	3,9	4,7	2,7	1,5	2,2	4,4	1,4	10,2	5,0	2,3	4,3	6,1	4,5	36,0	66	35
2. Schnitt																		
Gemeiner Löwenzahn	15,2	13,0	4,0	5,5	1,6	1,3	2,7	7,0	2,4	14,3	6,5	1,7	4,4	3,2	3,7	45,3	76	60
Kriechend. Hahnenfuß	14,1	10,5	6.2	6,9	1,4	1,3	2,4	4,3	1,4	11 2	6,7	2,4	4,5	7,5	5,0	41,8	70	35
Wiesenkerbel . . .	14,2	15,9	7,6	4,8	3,7	1,0	2,4	4,5	2,1	10,9	7,8	3,5	4,0	8,2	3,8	44,8	79	52
Kümmel	16,7	18,1	4,1	4,5	3,9	1,1	2,2	6,4	1,8	12,7	5,6	1,5	3,3	3,6	4,5	42,3	74	45
Wiesenbocksbart . .	17,2	15,3	5,1	3,8	3,3	1,6	2,1	3,4	1,0	8,4	5,9	2,3	6,7	7,2	5,6	34,6	63	25

d) Vergleich der MPV-Indices der Wiesenkräuter 1957 und 1958

In der folgenden Tabelle 18 werden die MPV-Indices der Wiesenkräuter des Jahres 1957 denen des Jahres 1958 gegenübergestellt.

Tabelle 18. *MPV-Indices der Wiesenkräuter im Jugendstadium, 1. und 2. Schnitt* (1957 und 1958)

Kräuter	Jahr	Jugend-stadium	1. Schnitt	2. Schnitt
Gemeiner Löwenzahn . . .	1957	67	67	79
	1958	85	88	80
Kriechender Hahnenfuß . .	1957	85	77	—
	1958	80	73	73
Wiesenkerbel	1957	61	60	—
	1958	72	68	83
Kümmel	1957	70	—	61
	1958	71	72	78
Wiesenbocksbart	1957	—	84	88
	1958	65	69	66

Gemeiner Löwenzahn, Wiesenkerbel und Kümmel zeigen 1957 niedrigere Wertzahlen als 1958. Das trifft für sämtliche untersuchten Vegetationsstadien zu. Dagegen sind die Werte für Kriechenden Hahnenfuß und Wiesenbocksbart 1957 höher als 1958.

4. *Vergleich der Leguminosen, Gräser und Kräuter*

In diesem Abschnitt werden die Durchschnittszahlen der zu den Leguminosen, den Gräsern und den Kräutern gehörenden Wiesenpflanzen gegenübergestellt. Dazu werden in den Tabellen 19 und 20 die Relativzahlen der Durchschnittswerte der ermittelten Aminosäuren, bezogen auf die entsprechenden des Milchproteins, mitgeteilt.

In der Tabelle 19 werden die Werte der Wiesengräser denen der -kräuter des Jahres 1957 gegenübergestellt. Aus der Tabelle geht hervor, daß in allen Fällen das Methionin die niedrigste Relativzahl aufweist. Histidin und Arginin haben die höchsten MPV-Werte. Die Threoninwerte der Wiesenkräuter liegen höher als die der -gräser. Das Gleiche trifft für den Methioningehalt zu. Die Lysinwerte sind im 1. Schnitt geringer als im Jugendstadium und im 2. Schnitt.

In der Tabelle 20 werden die durchschnittlichen MPV-Indices der 1958 untersuchten Leguminosen, Gräser und Kräuter derselben Wiese verglichen. Ebenso wie im Jahre 1957 ist Methionin regelmäßig die begrenzende Aminosäure Die Phenylalaninwerte liegen in Kräutern höher als in Gräsern. Dagegen sind die Relativzahlen des Histidins in Kräutern geringer als in Gräsern. Die Arginin- und Histidinwerte der Gräser und Kräuter liegen regelmäßig über 100. Die Leguminosen haben in allen Vegetationsstadien den niedrigsten, die Gräser den höchsten Histidingehalt. Die Threonin- und Argininwerte sind dagegen in den Leguminosen stets am höchsten. Die Lysinwerte der Gräser und Kräuter sind auch 1958 im 1. Schnitt geringer als im Jugendstadium und im 2. Schnitt.

Tabelle 19. *MPV-Durchschnittswerte der essentiellen Aminosäuren der Gräser und Kräuter* (1957)

Aminosäuren	Jugendstadium		1. Schnitt		2. Schnitt	
	Gräser (11)	Kräuter (6)	Gräser (11)	Kräuter (4)	Gräser (7)	Kräuter (4)
Lysin	76	79	53	58	74	66
Arginin	120	116	93	102	105	94
Histidin	118	106	104	108	96	78
Tryptophan	83	86	83	88	88	78
Threonin	57	64	56	62	67	78
Valin	60	61	66	67	76	71
Methionin	38	41	36	39	44	54
Leucin und Isoleucin	72	66	67	72	69	76
Phenylalanin	92	91	90	92	100	94

In einer weiteren Gegenüberstellung faßten wir die Leguminosen, die auf der Wiese in sehr geringen Mengen vorkamen, und die Kräuter in einer Gruppe zusammen. In den Abbildungen 5–7 sind die durchschnittlichen MPV-Werte der Gräser und der Kräuter und Leguminosen im Jugendstadium, 1. u. 2. Schnitt der Wiese 1958 dargestellt. Aus diesen Abbildungen ist ebenso wie aus der Tabelle 20 zu ersehen, daß die Gräser in allen Vegetationsstadien einen höheren Histidin- und einen geringeren Phenylalaningehalt als die Kräuter und Leguminosen haben. Die Arginin-, Tryptophan- und Threoninwerte sind für Kräuter meist höher als für Gräser. Die Methioninwerte weisen keine Unterschiede zwischen Gräsern, Kräutern und Leguminosen auf. Der Methioningehalt der Pflanzenproteine beträgt regelmäßig etwa 50% des Methioningehaltes des Milchproteins. Eine weitere in den Pflanzen in relativ geringer Menge vorkommende Aminosäure ist das Threonin. Dagegen enthalten die untersuchten Gräser-, Kräuter- und Leguminosenproteine mehr Arginin und Histidin als das Milcheiweiß.

V. Zusammenfassung

In der vorliegenden Arbeit wurde der Gehalt folgender Aminosäuren der bestandsbildenden Grünfutterpflanzen der Wiese der Lehr- und Versuchsstation Remderoda bei Jena (Muschelkalkverwitterungsboden) in den Jahren 1957 und 1958 papierchromatographisch in drei verschiedenen Vegetationsstadien (Jugendstadium, 1. Schnitt, 2. Schnitt) bestimmt: Lysin, Arginin, Histidin, Tryptophan, Threonin, Valin, Methionin, Leucin und Isoleucin, Phenylalanin, Tyrosin, Glykokoll, Alanin und Serin.

Tabelle 20. *MPV-Durchschnittswerte der essentiellen Aminosäuren der Leguminosen, Gräser und Kräuter* (1958)

Pflanzen	Lysin	Arginin	Histidin	Tryptophan	Threonin	Valin	Methionin	Leucin und Isoleucin	Phenylalanin
				Jugendstadium					
Leguminosen (3)	74	151	99	89	75	78	71	74	89
Gräser (8)	83	132	144	79	47	85	49	76	89
Kräuter (5)	70	116	123	89	60	72	36	64	97
				1. Schnitt					
Leguminosen (4)	76	125	90	87	67	75	46	78	94
Gräser (8)	70	108	129	79	49	76	46	65	84
Kräuter (5)	61	116	108	94	63	65	44	70	93
				2. Schnitt					
Leguminosen (4)	82	128	101	92	62	93	49	81	98
Gräser (7)	74	116	119	84	60	82	47	75	84
Kräuter (5)	72	119	111	76	51	74	47	72	114

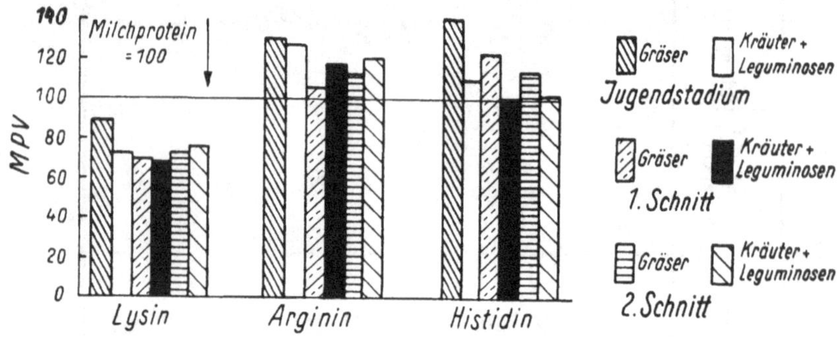

Abb. 5. Einfluß des Vegetationsstadiums auf das Milchproteinverhältnis der Gräser, Kräuter und Leguminosen 1958

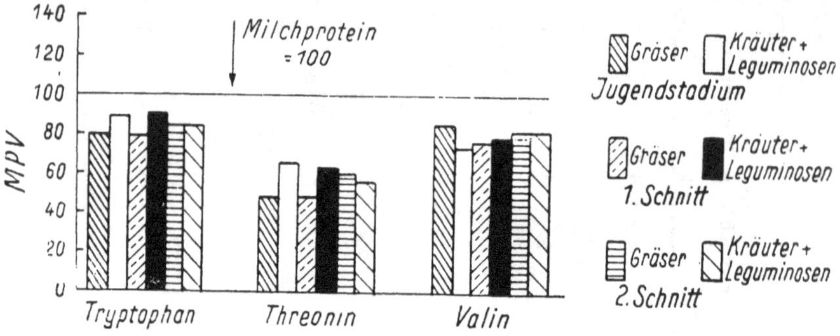

Abb. 6. Einfluß des Vegetationsstadiums auf das Milchproteinverhältnis der Gräser, Kräuter und Leguminosen 1958

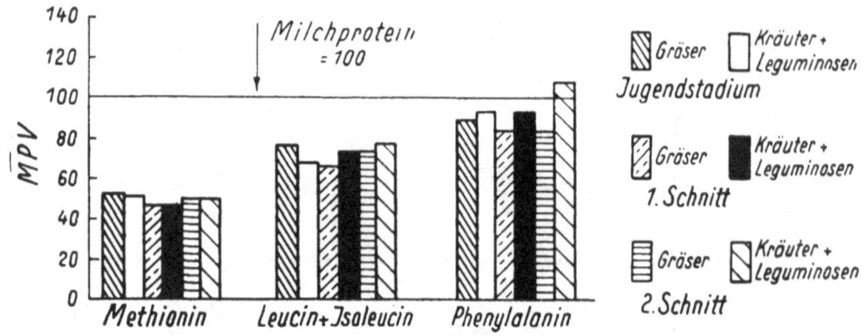

Abb. 7. Einfluß des Vegetationsstadiums auf das Milchproteinverhältnis der Gräser, Kräuter und Leguminosen 1958

Als Bewertungsmaßstäbe der ermittelten Aminosäurewerte dienten die Summe der essentiellen Aminosäuren (Summe EAS), der Index der Milchprotein-Verhältnisse (MPV-Index), der essential amino acid index (EAA-Index) und der chemical score.

1. Von dem als Wiese genutzten Dauergrünland wurden von den Leguminosen Trifolium pratense, Trifolium repens, Medicago lupulina und Vicia crassa analysiert. Für Trifolium pratense und Trifolium repens ließen sich MPV-Indices von rund 90 errechnen. Vicia crassa hat eine größere Menge an essentiellen Aminosäuren als Medicago lupulina, jedoch eine geringere als Trifolium pratense und Trifolium repens.

2. 1957 erfolgte die Aminosäurebestimmung in zwölf bestandsbildenden Wiesengräsern (Avena elatior, Dactylis glomerata, Bromus erectus, Festuca pratensis, Alopecurus pratensis, Agropyron repens, Aira caespitosa, Avena pubescens, Lolium perenne, Festuca rubra, Poa pratensis, Poa trivialis) und 1958 in acht Gräsern (Alopecurus pratensis, Agropyron repens, Aira caespitosa, Poa trivialis wurden nicht analysiert) in drei verschiedenen Vegetationsstadien.

3. Von den im Jahre 1957 analysierten sieben Obergräsern wurden für Agropyron repens die niedrigsten und für Alopecurus pratensis die höchsten MPV-Indices errechnet, und von den fünf Untergräsern hatte Festuca rubra den höchsten und Avena pubescens den niedrigsten Eiweißwert.

4. Junge Untergräser kommen im EAA-Index den tierischen Eiweißfuttermitteln nahe.

5. Der Gehalt an essentiellen Aminosäuren ist in den Untergräsern höher als in den Obergräsern.

6. Die MPV-Indices der Ober- und Untergräser sind im Jugendstadium (1. Weideauftrieb) höher als beim 1. Schnitt. Die Unterschiede ließen sich für Lysin und Arginin in beiden Jahren statistisch sichern.

7. Der Eiweißwert der Wiesengräser steigt vom 1. zum 2. Schnitt. 1957 ergaben sich zwischen dem Heu- und dem Grumtschnitt gesicherte Unterschiede für die Lysin-, Threonin-, Methionin-, Glykokoll- und Alaninwerte. 1958 war nur der Threoningehalt des 2. Schnittes der Wiesenpflanzen signifikant höher als der des ersten.

8. Die Indices des Rohproteins der untersuchten Wiesengräser sind 1958 höher als 1957. Die unterschiedlichen Niederschläge in beiden Jahren hatten eine verschieden starke Ausprägung der Pflanzenorgane zur Folge. 1958 waren die Wiesenpflanzen blattreicher als 1957.

9. Der unterschiedliche Gehalt an essentiellen Aminosäuren wird im wesentlichen durch das Blatt-Stengel-Verhältnis bestimmt. Die blattreichen Wiesenpflanzen enthalten im Rohprotein mehr lebensnotwendige Eiweißbausteine als die stengelreichen.

10. Für die Wiesenkräuter wird entsprechend den ermittelten essentiellen Aminosäurewerten folgende Reihenfolge festgestellt: Taraxacum officiale > Ranunculus repens > Euphorbia cyparissias > Geranium pratense > Anthriscus silvestris > Carum carvi > Tragopogon pratensis.

Literaturverzeichnis

[1] ANKE, M.: 1961: Der Spurenelementgehalt von Grünland- und Ackerpflanzen verschiedener Böden in Thüringen. Z. Acker- u. Pflanzenbau 112, 113.

[2] ARMSTRONG, R. H.: 1951: Amino-acids in the proteins of herbage. J. Sci. Food Agric. 2, 166.

[3] BUGDOL, G.: 1961: Der Mengenelementgehalt verschiedener Grünland- und Ackerpflanzen auf Muschelkalk- und Buntsandsteinverwitterungsboden inThüringen. Diss. Jena.

[4] BURI, H. H.: 1954: Beitrag zur Bausteinanalyse von Eiweißen in Futtermitteln. Diss. München.

[5] CHALMERS, M. I. und SYNGE, R. L. M.: 1954: The digestion of protein and nitrogenous compounds in ruminants. Adv. Prot. Chem. IX, 93.

[6] COLUMBUS, A., GEBHARDT, G. und WAGNER, J.: 1958: Der Einfluß verschiedener Trocknungsmethoden auf einige Qualitätsmerkmale von Luzernemehl. Z. Tierernähr. u. Futtermittelkde. 13, 14.

[7] DOSE, U.: 1954: Ein Beitrag zur Bausteinanalyse von Eiweißen in Futtermitteln. Die papierchromatographische Bestimmung des Serins in Futtermitteln nach Hydrolyse und adsorptiver Abtrennung. Diss. München.

[8] DREPPER, K.: 1954: Beitrag zur Bausteinanalyse von Eiweißen in Futtermitteln. Die papierchromatographische Bestimmung von Tryptophan, Phenylalanin und Tyrosin in Futtermitteln nach Hydrolyse und adsorptiver Abtrennung. Diss. München.

[9] FROST, B. V. und SANDY, H. R.: 1951: Utilization of non-specific nitrogen sources by the adult protein-depleted rat. J. Biol. Chem. 189, 249.

[10] GÖTZ, M.: 1955: Beitrag zur Eiweißbausteinanalyse in Futtermitteln. Die papierchromatographische Bestimmung von Arginin, Histidin und Lysin in Futtermitteln nach Hydrolyse und adsorptiver Abtrennung. Diss. München.

[11] ГОРБАЧЕВА, А. П.: 1956: Изменение состава азотистых (белковых) веществ кормовых трав при их вегетации.
Доклады всесоюзной ордена Ленина Академии сельскохозяйственных наук имени В. И. Ленина, т. 21, вып. 5, 20.

[12] ГОРБАЧЕВА, А. П.: 1957: Протеиновая питательность кормовых трав. Животноводство, т. 19, № 7, 50

[13] ГОРБАЧЕВА, А. П.: 1958: Спирторастворимые белки зеленой кукурузы. Доклады Всесоюзной ордена Ленина Академии сельскохозяйственных наук имени В. И. Ленина, т. 23, вып. 11, 9

[14] GRUHN, K.: 1960: Beitrag zur Methode der quantitativen Aminosäurebestimmung in Grünfutterpflanzen. Vortrag auf dem Eiweißsymposion der Gesellschaft für Ernährungsphysiologie der Haustiere vom 22.—23. 9. 1959 in Halle. Z. Tierphysiol., Tierernähr. u. Futtermittelkde. 15, 319.

[15] GRUHN, K.: 1960: Eine Methode der quantitativen Bestimmung von Aminosäuren in Grünfutterpflanzen. Wissensch. Z. der Friedrich-Schiller-Universität, Jena. Math.-nat.-Reihe Jg. 9, 593, 1959/60.

[16] GRUHN, K.: 1961: Junge Grünfutterpflanzen sind wertvolle wirtschaftseigene Futtermittel. Die Deutsche Landwirtschaft 12 (im Druck).

[17] HARVEY, D.: 1956: Tables of the amino acids in foods and feedingstuffs. Comm. Agric. Bureaux Farnham Royal Slough, Bucks. Techn. Comm. Nr. 19.

[18] HOFMANN, R.: 1955: Beitrag zur Bausteinanalyse von Eiweißen in Futtermitteln. Die papierchromatographische Bestimmung von Glykokoll und Alanin in Futtermitteln nach Hydrolyse und adsorptiver Abtrennung. Diss. München.

[19] KOLOUŠEK, J.: 1955: Vyskyt aminokyselin v rostlinném materiálu. Sborník ceskoslov. Akad. zemedelskych Ved, rostlinná Vyroba XXVIII, 969.

[20] KOLOUŠEK, J.: 1955: Prehled aplíkaci papirové chromatografie prí studiu aminokyselin v rostlinnem materiálu, zvlâste pak v pícninach. Sbornik ceskoslov. Akad. zemedelskych Věd. řada rostlinná Vyroba XXVIII, 879.

21 KOLOUŠEK, J. und COULSON, C. B.: 1955: Plant proteins. III. Amino-acid content of isolated hay proteins. J. Sci. Food Agric. 6, 380.

22 KOLOUŠEK, J. und COULSON, C. B.: 1955: Plant proteins. IV. Amino-acids present in alcoholic extracts of grass and legume hays and fenugreek seeds. J. Sci. Food Agric. 6, 455.

23 KIK, M. C. und STATEN, R. D.: 1957: The nutrient content of fescue and orchardgrass and amino acids in other grassland species. Agronomy J. 49, 248.

24 КУГЕНЕВ, П. В.: 1951: Влияние рациона коров на аминокислотный состав молока. Советская зоотехния, т. 6 № 2, 49

25 КУГЕНЕВ, П. В. и МЕДВЕДЕВА, М. И.: 1959: Аминокислотный состав белков молока коров-матерей и их дочерей. Всесоюзная ордена Ленина академия сельскохозяйственных наук имени В. И. Ленина. Вестник сельскохозяйственной науки, т. 4 № 12, 137

26 LEGATH, J.: 1954: Beitrag zur Bausteinanalyse von Eiweißen in Futtermitteln. Die papierchromatographische Bestimmung von Threonin in Futtermitteln nach Hydrolyse und adsorptiver Abtrennung. Diss. München.

27 LEROY, M. A.: 1937: La lysine est-elle le facteur fondamental qui limite la production des femelles laitières en cas d'alimentation azotée déficitaire? C. R. Séanc. Acad. Agric. Franc 23, 67.

28 LINDER, A.: 1951: Statistische Methoden. Zweite erweiterte Auflage. Birkhäuser-Verlag Basel.

29 LÖHNERT, H.: 1959: Die Lehr- und Versuchsstation Remderoda des Institutes für Tierernährung der Friedrich-Schiller-Universität Jena. Jahrb. d. Arbeitsgem. f. Fütterungsberatung 2, 498.

30 LUGG, J. W. H.: 1938: Preparation of some protein samples from the fresh leaves of plants and the sulphur distributions of the preparations. Biochem. J. 32, 2114.

31 LUGG, J. W. H.: 1938: The amide, tyrosine and tryptophan contents and the sulphur distributions (cystine plus cysteine and methionine contents), of some plant leaf protein preparations. Biochem. J. 32, 2123.

32 LUGG, J. W. H.: 1939: XIII. The representativeness of extracted samples and the efficiency of extraction of protein from the fresh leaves of plants; and some partial analyses of the whole proteins of leaves. Biochem. J. 33, 110.

33 LUGG, J. W. H.: 1943: Further studies of cryptogam tissue proteins: Protein composition and tissue function in plants. Biochem. J. 37, 132.

34 LUGG, J. W. H. und WELLER, R. A.: 1948: Partial amino-acid compositions of some plant-leaf protein preparations: the arginine, histidine, and lysine contents. Biochem. J. 42, 408.

35 LUGG, J. W. H. und WELLER, R. A.: 1948: Protein in senescent leaves of Trifolium subterraneum partial amino-acid composition. Biochem. J. 42, 412.

36 MICHAEL, G. und BLUME, B.: 1955: Über das Verhalten einiger lebenswichtiger Aminosäuren beim biologischen Abbau in verschiedenen Pflanzen. Arch. Tierernähr. 5, 41.

37 MICHAEL, G. und BLUME, B.: 1957: Über den Gehalt einiger Futterpflanzen an basischen und sauren Aminosäuren in Abhängigkeit von Schnittzeit und Entwicklungszustand. Arch. Tierernähr. 7, 181.

38 MITCHELL, H. H. und BLOCK, R. J.: Some relattionships between the amino acid contents of proteins and their nutritive values for the rat. J. Biol. Chem. 163, 599.

39 MITCHELL, H. H.: 1954: The dependence of the biological value of food proteins upon their content of essential amino acids. Wiss. Abh. Dtsch. Akad. Landw. Wiss. V/2, 279.

40 NEHRING, K.: 1952: Probleme der Eiweißforschung in der Tierernährung. Sitzungsber. Dtsch. Akad. Landw. Wiss. I/11.

41 NEHRING, K.: 1953: Die Bestimmung der biologischen Wertigkeit des Eiweißes. Landw. Forsch., Sonderheft 4, 123.

42 NEHRING, K.: 1954: Die Bewertung der Eiweißfutterstoffe auf Grund der Bausteinanalyse. Chem. Technik 6, 196.

[43] NEHRING, K. und SCHWERDTFEGER, E.: 1954: Die quantitative Bestimmung der essentiellen Aminosäuren in Nahrungs- und Futtermitteln. Pharmazie 9, 913.

[44] NEHRING, K. und SCHWERDTFEGER, E.: 1957: Der Gehalt an essentiellen Aminosäuren in einigen Nahrungs- und Futtermitteln. Z. Lebensmittel-Unters. u. -Forsch. 105, 12.

[45] ORTH, A., KORDTS, E., KAUFMANN, W. und KOCH, G.: 1959: Untersuchungen zur Unterdachtrocknung von Kleegrasheu (1957). Futterkonservierung, S. 108.

[46] OSER, B. L.: 1951: Method for integrating essential amino acid content in the nutritional evaluation of protein. J. Amer. Dietetic Assoc. 27, 396.

[47] PETERSEN, A.: 1953: Die Gräser. Akademie-Verlag Berlin.

[48] REBER, E. und MCVICAR, R.: 1952: The nitrogen composition of cereal grasses. II. Amino acid distribution in clippings from greenhouse cultures. Proc. Oklahoma Acad. Sci. 33, 256.

[49] REBER, E. und MCVICAR, R.: 1953: The nitrogen composition of cereal grasses. III. Amino acid distribution in field clippings and growing plants. Agronomy J. 45, 17.

[50] SCHARRER, K. und RÄKER, K. O.: 1958: Der Einfluß der Silierung auf den Aminosäuregehalt der Luzerne. 1. Mitt. Z. Tierernähr. u. Futtermittelkde. 13, 65.

[51] SCHARRER, K. und RÄKER, K. O.: 1959: Der Einfluß der Silierung auf den Aminosäuregehalt der Luzerne. 2. Mitt. Z. Tierernähr. u. Futtermittelkde. 14, 108.

[52] SCHMEIL, O. und FITSCH¹N, J.: 1953: Flora von Deutschland. Akad. Verlagsges. Geest & Portig K.-G., Leipzig.

[53] SCHNEIDER, G.: 1957: Über die Aminosäurezusammensetzung von Futterpflanzen. Diss. München.

[54] SINGLETON, V. L., MERTZ, E. T. und DAVIS, R. L.: 1952: The hydrolysis an amino acid assay of alfalfa, and the methionine range in 100 selections. Agronomy J. 44, 346.

[55] SMITH, A. M. und AGIZA, A. H.: 1951: The amino-acids of several grassland species, cereals and bracken. J. Sci. Food Agric. 2, 503.

[56] SNEDECOR, G. W.: 1956: Statistical methods. 5th ed. Iowa State College Press, Ames, Iowa.

[57] STEGER, H., PÜSCHEL, F. und KASDORFF, K.: 1959: Über die Veränderungen in der Zusammensetzung verschiedener Maissorten im Verlauf ihrer Vegetation. Arch. Tierernähr. 9, 440.

[58] WEBER, E.: 1957: Grundriß der biologischen Statistik. 3. überarb. und erw. Aufl. VEB Gustav Fischer Verlag Jena.

[59] WERNER, A. und HENNIG, A.: 1960: Die Biologische Wertigkeit des Futtereiweißes für Milchbildung und Erhaltung bei säugenden Sauen. Z. Tierphysiol., Tierernähr. u. Futtermittelkde. 15, 143.

[60] WERNER, A., HENNIG, A. und WEBER, E.: 1959: Die Wirkung eines antibiotika- und vitaminhaltigen Wirkstoffkonzentrates in der Schweineschnellmast (unter besonderer Berücksichtigung von Futterrationen ohne tierisches Eiweißfutter). Jahrb. der Arbeitsgem. f. Fütterungsberatung 2, 281.

[61] ŽENIŠEK, Z.: 1957: Stanovení aminokyselin v krmivech II. Sborník českoslov. Akad. zemědělskych Věd, zivočišná Vyroba 2 (XXX), 879.

[62] ŽENIŠEK, Z.: 1959: Stanovení aminokyselin v krmivech III. Sborník českoslov. Akad. zemědělskych Věd, zivožčšná Vyroba 4 (XXXII), 239.

Eingegangen am 15. 9. 1960

Aus dem Institut für Tierernährung der Martin-Luther-Universität Halle a. S.
(ehem. Dir.: Prof. Dr. A. COLUMBUS †)

J. ROJAHN und *J. WAGNER*

In vitro-Verdaulichkeitsversuche des Rohproteins und einiger Aminosäuren der Nackt- und Spelzgerste

In Verehrung Herrn Prof. Dr. Dr. h. c. Dr. h. c. K. MOTHES zum 60. Geburtstage

Die Nacktgerste besitzt gegenüber der Spelzgerste nach COLUMBUS und Mitarbeitern [4] eine bessere wahre Verdaulichkeit und damit einen größeren physiologischen Nutzwert. Im folgenden sollen daher die Gründe für diese Unterschiede untersucht werden. Da über die Aufspaltung des Proteins in Abhängigkeit von der Zeit, von den Fermentsystemen und von den Zerkleinerungsgraden wenig bekannt ist, wird die vorliegende Fragestellung mit Hilfe von in vitro-Verdaulichkeiten des Rohproteins und einiger Aminosäuren untersucht. Ein Vergleich der in vitro und in vivo gefundenen Werte setzt einmal die Kenntnis über die Resorptionsmöglichkeiten der Eiweißabbauprodukte in vivo und zum anderen über die bei der in vitro-Verdaulichkeit bestimmten Proteinabbauprodukte voraus. Die Verdaulichkeiten der Aminosäuren können bei den Tierarten unterschiedlich sein, weiterhin spielt die Futterzusammensetzung eine Rolle. WAGNER [18] hatte auch Differenzen sowohl bei der scheinbaren als auch bei der wahren Verdaulichkeit bestimmt. Zu analogen Ergebnissen kamen auch WISEMAN [20, 21] und AGAR u. a. [2, 3] bei ihren Untersuchungen über die Aminosäureresorption an isolierten Dünndarmabschnitten bei den d- und l-Formen. Im Gegensatz zu der allgemeinen Anschauung, daß nur Aminosäuren resorbiert werden können, wies schon die Arbeit von ABDERHALDEN u. a. [1] darauf hin, daß auch andere Abbauprodukte durch die Darmwand resorbierbar sind. LONDON u. a. [8] bestätigten dies auf Grund ihrer Angiostomie-Versuche. Es werden also in vivo neben den Aminosäuren auch Polypeptide und N-haltige Stoffe nicht eiweißartiger Natur (NPN) resorbiert. Diese gleichen Stoffklassen findet man auch bei der Bestimmung der Rohproteinverdaulichkeit in vitro. Zusätzlich sind aber hier noch Eiweiße oder zumindest Peptone in nicht abgebauter, aber gelöster Form vorhanden. Ein Vergleich der Verdauungsquotienten, in vivo und in vitro bestimmt, kann also nur mit gewissen Vorbehalten gezogen werden.

Die konventionelle Methode zur Bestimmung der Verdaulichkeit des Rohproteins in vitro mit Hilfe von Pepsin-HCl nach STUTZER [17] ergibt erklärlicherweise niedrigere Werte als die Methode nach STEUDEL [16], bei der das Material mit Pepsin-HCl und anschließend mit Pankreatin-Soda behandelt wird. Die Werte nach STUTZER entsprechen in ihrer Größenordnung häufig den im Tierversuch ermittelten Verdaulichkeiten, obwohl dabei nicht alle in vivo vorhandenen

Fermentsysteme berücksichtigt werden. Nach den Ergebnissen von SCHWARZE [12] können die in vitro-Verdaulichkeitswerte von STEUDEL auch dann nicht mit den Tierversuchen verglichen werden, wenn die mit in Lösung gegangenen Eiweiße und Peptone durch Trichloressigsäure ausgefällt werden. Für unsere Problemstellung war es aus dem bisher Gesagten erforderlich, beide Methoden zu benutzen.

Angewandte Methoden der in vitro-Verdaulichkeitsversuche

Die zu untersuchenden beiden Gerstensorten besaßen nach den Angaben von COLUMBUS u. Mitarbeitern [4] folgende Rohnährstoffgehalte:

	Nacktgerste %	Spelzgerste %
Rohprotein	13,58	11,67
Rohfett	1,91	2,85
Rohfaser	2,76	6,80
N-freie Extraktstoffe	79,56	76,09
Rohasche	2,19	2,59

Für den Einfluß der Mahlungsgrade auf die Verdaulichkeiten wurden beide Proben in 0,2; 1,0; 1,5 und 2,0 mm Größe gemahlen. Diese vier Mahlungsstufen sind bei der Pepsin-HCl-Verdauung in Abhängigkeit von der Zeit ausgetestet worden. Für die Methode nach STEUDEL und für die Bestimmung der Verdaulichkeit von Lysin, Phenylalanin, Histidin und Arginin verwendete man nur den Mahlungsgrad 1 mm.

1. Rohproteinverdaulichkeiten

Die Pepsinverdauung wurde nach dem Verfahren von STUTZER [17], das verschiedentlich modifiziert wurde ([14, 19, 5]), durchgeführt. 2 g der zu untersuchenden Substanz und 1 g Pepsin werden mit 480 ml H_2O und 20 ml 25%iger HCl versetzt und unter häufigem Rühren im Brutschrank bei 37 °C die entsprechende Stundenzahl stehen gelassen. Nach der Hälfte der Einwirkungszeit setzt man weitere 10 ml 25%iger HCl zu. Nach dem Abfiltrieren des unverdauten Anteiles durch ein hartes Filter wird mit warmem Wasser gewaschen, bis sich im Filtrat keine Chlorionen mehr nachweisen lassen. Das Filter mit dem Rückstand wird dann nach KJELDAHL aufgeschlossen (bei der Berechnung wird der Filterblindwert abgezogen).

Die Verdaulichkeit mit Pepsin-HCl und anschließend mit Pankreatin-Soda wurde in modifizierter Form nach dem auch von SCHWARZE [12] angewandten STEUDEL'schen Verfahren [16] ausgeführt:

Die Pepsinverdauung geschah wie oben angegeben (4 Std.). Der von Cl-Ionen frei gewaschene Rückstand wird in 150 ml Wasser suspendiert und mit 25 ml Pankreatinlösung versetzt (4 g Pankreatin + 10 g Natriumkarbonat ad 1000 ml). Die Verdauung erfolgt während der entsprechenden Zeit bei 37 °C im Brutschrank. Nach dem Filtrieren durch ein hartes Filter und Neutralwaschen wird der Stickstoff im Rückstand nach KJELDAHL bestimmt (Berücksichtigung des Filterblindwertes).

2. *Verdaulichkeit einiger Aminosäuren*

In Anlehnung an die von SCHWEIGERT u. a. [13], SNELL [15], SCHUPHAN [11] und HILL [7] beschriebene und in ihrer Problematik erläuterte Methode der mikrobiellen Aminosäurebestimmung, die WÜNSCHE [22] modifizierte, ist auch hier vorgegangen worden. Nur wurde keine 8stündige Druckhydrolyse (HEINTZE [6], NEHRING u. a. [9] und SAHYUN u. a. [10]) durchgeführt, sondern im Paraffinbad bei 123 °C 16 Std. lang mit 6n HCl die Testsubstanz hydrolysiert (WAGNER [18]). Zu jeder Aminosäurebestimmung gehörten eine Standardreihe, die wir mit 7 Konzentrationsstufen und je 3 Röhrchen einsetzten, sowie die Testreihe, die je eines der Testhydrolysate enthielt. Die Testreihen wurden in 3 Konzentrationsstufen mit je 3 Röhrchen angelegt, so daß die getesteten Aminosäuremengen der Untersuchungssubstanz sich aus 9 Einzelwerten zusammensetzten. Das Wachstum der Bakterien, das eine Indikation für die Menge der zu testenden Aminosäure darstellt, ist an Hand der als Stoffwechselprodukt auftretenden Milchsäure gemessen worden. Die Milchsäure wurde mit n/10 NaOH titriert. Zur Bestimmung von Lysin, Phenylalanin und Histidin ist der Stamm Leuconostoc mesenteroides P 60 verwendet worden, während für Arginin Streptococcus fecalis R. zur Anwendung kam.

Ergebnisse der Untersuchungen

1. *Rohproteinverdaulichkeiten*

a. Pepsin-HCl-Verdaulichkeit

Der Einfluß der Mahlungsgrade ist sowohl bei der Nacktgerste als auch bei der Spelzgerste vorhanden. Zwischen 1,0 mm u. 1,5 mm und 1,5 mm u. 2,0 mm sind die Unterschiede der Verdaulichkeiten in der gesamten Versuchszeit zwischen 2 Std. und 40 Std. bei beiden Gerstensorten statistisch gesichert.

Die Nacktgerste der niederen Zerkleinerungsgrade zwischen 0,1 mm und 1,0 mm zeigte im Zeitraum von der 8.–14. Std. im wesentlichen kleine, und die Spelzgerste ab 18. Std. gar keine Differenzen auf.

Die Werte der Pepsinverdaulichkeit der Nacktgerste bei einer Größe von 0,2; 1,0 u. 1,5 mm waren während der gesamten Versuchszeit von denen der entsprechenden Spelzgerste statistisch nicht zu unterscheiden. Dagegen konnten bei der Mahlungsstufe 2,0 mm die Differenzen zwischen der 2. u. 40. Std. statistisch gesichert werden (Tab. 1; Abb. 1).

b. Pankreatin-Soda-Verdaulichkeit

Nach 4-stündiger Pepsinverdauung und anschließender Pankreatinverdauung zwischen 6 und 16 Std. bei einem Mahlungsgrad von 1,0 mm ergab sich praktisch in der Rohproteinverdaulichkeit erst nach 16 Std. Pankreatinverdauung ein Unterschied zwischen saurem und alkalischem Abbau:

(Nacktgerste/Pepsin gegen Nacktgerste/Pankreatin $t = 5{,}938$ $P < 0{,}05$
Spelzgerste/Pepsin gegen Spelzgerste/Pankreatin $t = 8{,}995$ $P > 0{,}01$)

Das gleiche Ergebnis erhält man auch bei der Gegenüberstellung der Nacktgerste zur Spelzgerste (Tab. 2; Abb. 2).

(Nacktgerste/Pepsin gegen Spelzgerste/Pepsin $t = 5{,}292$ $P < 0{,}05$
Nacktgerste/Pankreatin gegen Spelzgerste/Pankreatin $t = 4{,}815$ $P < 0{,}05$)

Tabelle 1. *In vitro-Verdaulichkeit des Rohproteins der Nacktgerste und Spelzgerste bei verschiedenen Mahlungsstufen*

(mit Pepsin-HCl)

nach	2 Std.	4 Std.	6 Std.	8 Std.	10 Std.	12 Std.	14 Std.	16 Std.	18 Std.	20 Std.	22 Std.	24 Std.	28 Std.	32 Std.	36 Std.	40 Std.
Nacktgerste																
0,2 mm	75,31	76,88	79,80	83,93	83,70	83,63	84,51	84,69	89,25	89,58	89,55	89,46	90,35	91,10	91,99	92,44
1,0 mm	56,77	62,71	70,73	75,79	76,83	81,45	81,36	80,39	82,73	83,94	83,88	83,04	83,24	86,34	86,35	88,15
1,5 mm	31,13	37,97	43,42	42,06	49,49	53,24	55,48	64,83	64,36	69,34	69,78	69,78	69,79	68,26	75,99	76,29
2,0 mm	22,13	25,34	30,07	33,17	40,04	41,29	44,05	44,18	44,22	44,09	46,04	46,45	52,71	53,25	60,23	57,75
Spelzgerste																
0,2 mm	54,57	75,70	79,80	83,92	83,41	83,27	83,40	83,02	83,27	86,52	86,24	86,94	87,59	88,36	89,00	88.90
1,0 mm	45,06	60,57	65,18	68,41	70,34	72,60	75,84	76,83	79,85	81,88	82,36	82,29	85,37	85,74	86,28	86,25
1,5 mm	30,23	32,22	39,71	47,20	49,60	52,80	52,56	52,41	63,39	64,22	68,40	68,99	68,75	68,43	69,91	69,56
2,0 mm	0,00	0,00	0,00	0,00	0,00	8,51	8,94	7,73	7,11	8,76	16,19	22,45	21,28	23,09	28,55	31,09

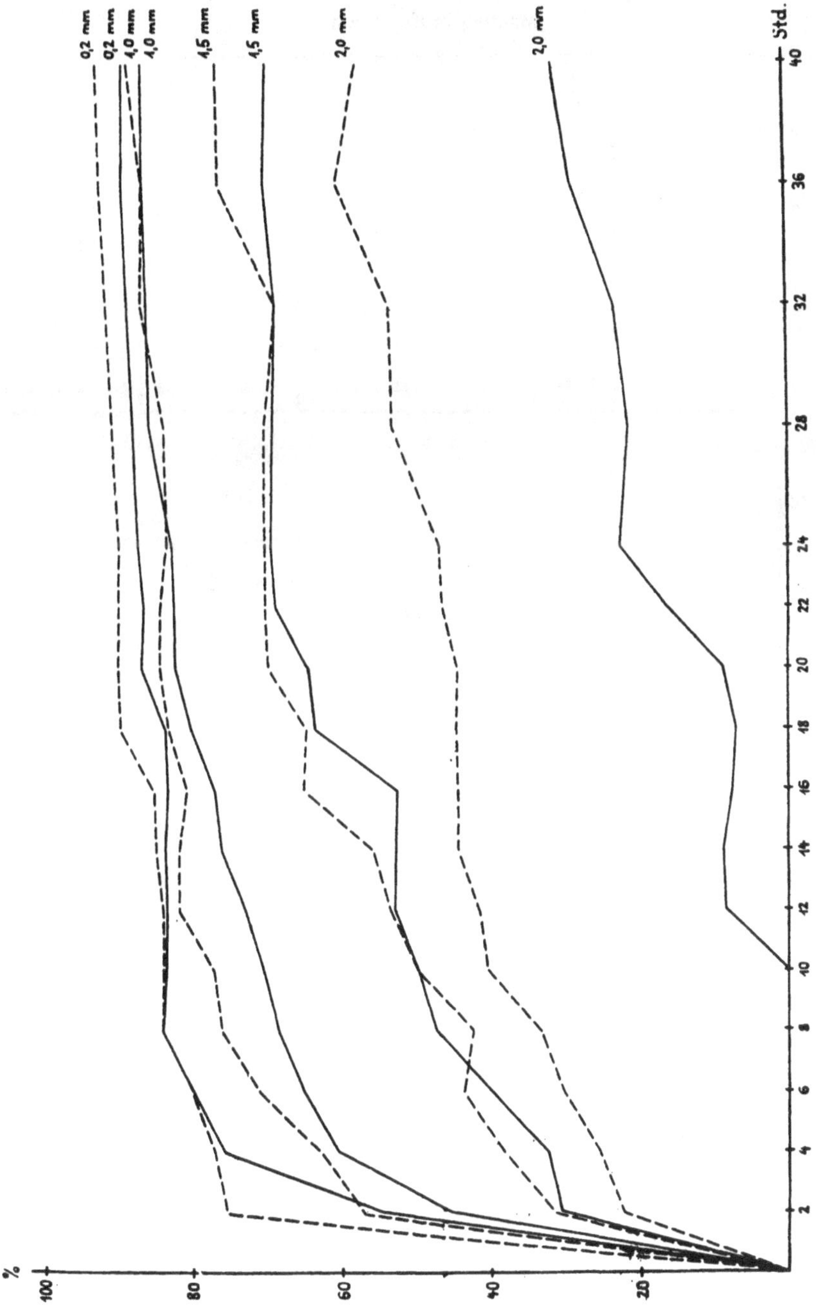
%
100
80
60
40
20
2
4
6
8
10
12
14
16
18
20
22
24
28
32
36
40
Std.
0,2 mm
0,2 mm
4,0 mm
4,0 mm
4,5 mm
4,5 mm
2,0 mm
2,0 mm

Abb. 1

Tabelle 2. *In vitro-Verdaulichkeit des Rohproteins der Nackt- und Spelzgerste*
(mit Pepsin-HCl und Pepsin-HCl-Pankreatin)
(Mahlungsstufe: 1 mm)

nach	2 Std.	4 Std.	6 Std.	8 Std.	10 Std.	12 Std.	14 Std.	16 Std.
Mit Popsin-HCl verdaut								
Nacktgerste	56,77	62,71	70,73	75,59	76,83	81,45	81,36	80,39
Spelzgerste	45,06	60,57	65,18	68,41	70,34	72,60	75,84	76,83
Mit Pepsin-HCl-Pankreatin verdaut								
Nacktgerste	56,77	62,71	79,68	81,96	84,83	84,75	86,26	84,99
Spelzgerste	45,06	60,57	69,41	76,69	77,29	78,31	81,04	81,76

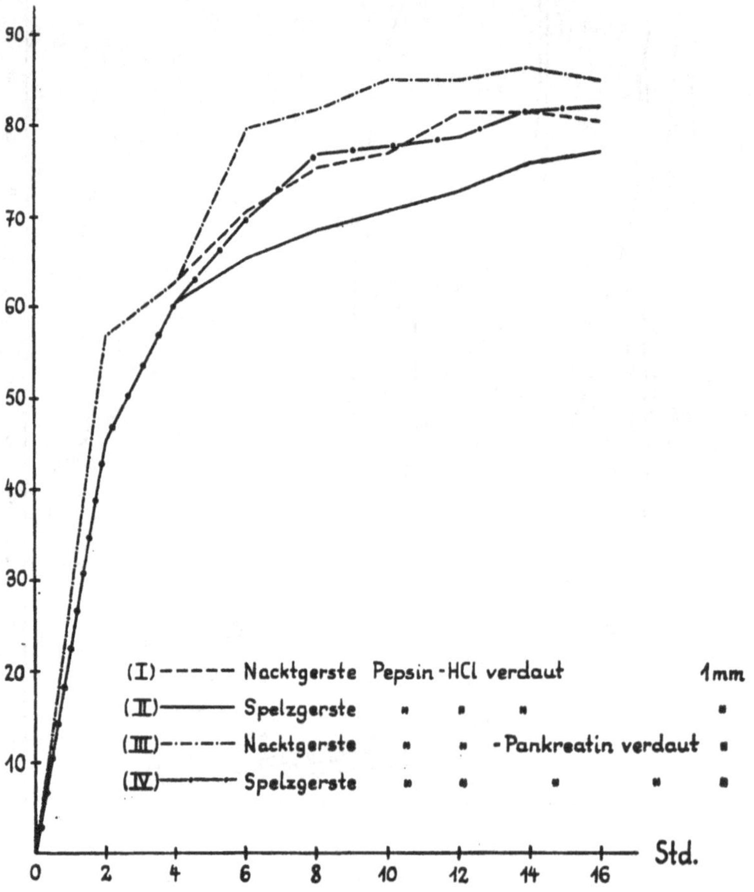

Abb. 2

2. *Aminosäureverdaulichkeiten*

a. Pepsin-HCl-Verdaulichkeit

Die erhaltenen Werte für die Nacktgerste sind gegenüber den entsprechenden der Spelzgerste sehr unterschiedlich. Das Lysin zeigt bis zur 16. Std. einen statistisch gesicherten Unterschied, das Histidin nur in der 12. und 16. Std. (12. Std. $t = 14{,}772$ $P < 0{,}001$; 16. Std. $t = 20{,}380$ $P < 0{,}001$) und das Phenylalanin nur in der 16. Std. ($t = 5{,}977$ $P < 0{,}01$). Beim Arginin ließ sich keine Gesetzmäßigkeit aufstellen (Tab. 3; Abb. 3).

b. Pankreatin-Soda-Verdaulichkeit

Die Verdaulichkeit des Arginins und Phenylalanins der Spelzgerste gegenüber der der Nacktgerste war während der Versuchszeit nicht zu unterscheiden. Die Verdaulichkeit des Histidins war nur in der 8. Std. ($t = 0{,}152$ $P > 0{,}05$) und die des Lysins nur in der 16. Std. ($t = 1{,}018$ $P > 0{,}05$) nicht signifikant. Die Freisetzung der einzelnen Aminosäuren aus dem Proteinmolekül geschah nach den erhaltenen Ergebnissen nicht gleichmäßig. So bestanden z. B. während der gesamten Versuchszeit Differenzen bei der Pepsinverdauung der Spelzgerste zwischen Phenylalanin und Lysin, Phenylalanin und Histidin und Phenylalanin und Arginin; für die Nacktgerste zwischen Phenylanlanin und Lysin, Lysin und Arginin, Lysin und Histidin, Arginin und Phenylalanin und Arginin und Histidin. Die anschließende Pankreatinverdauung zeigte auch Unterschiede sowohl bei der Spelzgerste als auch bei der Nacktgerste zwischen Phenylalanin und Lysin und Phenylalanin und Arginin. Dagegen besitzen einige Aminosäuren den gleichen VQ; so z. B. für die gesamte Versuchszeit bei der Pepsinverdauung der Spelzgerste das Lysin und Histidin und außer der 4. Std. das Lysin und Arginin. Das letztgenannte Beispiel tritt auch bei der Pankreatinverdauung auf (Tab. 3; Abb. 3).

Diskussion der Ergebnisse

Die erhaltenen Ergebnisse haben gezeigt, daß der Mahlungsgrad bis zu einer gewissen Grenze, die in unserem Falle bei 1 mm liegt, einen Einfluß auf die Höhe der Eiweißverdaulichkeit bei beiden Gerstensorten hatte. Der Einfluß des Zerkleinerungsgrades geht so weit, daß die Korngrößen bis 2,0 mm der Nacktgerste und Spelzgerste während der gesamten• Versuchszeit den leichen VQ zeigen. Bei der Pankreatin-Soda-Methode treten allerdings zwischen den Gerstensorten nach 6 Std. unterschiedliche Rohproteinverdaulichkeiten auf.

Nach COLUMBUS u. Mitarbeitern [4] ergeben die Nacktgerste für Rohprotein einen VQ von 87,48% und die Spelzgerste einen solchen von 81,42% (an Schweinen bestimmt). Diese Werte würden für die Pepsin-HCl-Methode bei 0,2 mm nach 16 bis 18 Std., bei 1 mm zwischen 36 u. 40 Std. und für die höheren Mahlungsgrade über 40 Std. liegen. Die entsprechenden Zeiten für die Spelzgerste liegen niedriger, nämlich zwischen 6. u. 8. Std. und bei 20 Std. Die Werte der Mahlungsstufen 1,5 mm u. 2,0 mm werden während der 40-stündigen Versuchszeit ebenfalls nicht erreicht. Bei der Pankreatinverdauung entsprechen die in den in vitro-Versuchen erhaltenen Daten bei 14 Std. sowohl für die Nackt- als auch für die Spelzgerste den in vivo bestimmten.

Tabelle 3. *In vitro-Verdaulichkeit der Aminosäuren von Nackt- und Spelzgerste*

In vitro-Verdauung i. Std.	Untersuchte Aminosäuren	Unverdaute g AS/100 g Rohprotein				Verdaute Aminosäuren in %			
		Pepsin-HCl-Verdauung		Pepsin-HCl-Pankreastin-Verdauung		Pepsin-HCl-Verdauung		Pepsin-HCl-Pankreatin-Verdauung	
		Nacktgerste	Spelzgerste	Nacktgerste	Spelzgersle	Nacktgerste	Spelzgerste	Nacktgerste	Spelzgerste
0	Lysin	3,12	3,78	3,12	3,78	—	—	—	—
4		1,75	2,02	1,75	2,02	43,91	46,56	43,91	46,56
8		0,78	1,46	1,07	0,94	75,00	61,38	65,70	75,13
12		0,71	1,10	0,87	0,83	77,24	70,90	72,12	78,04
16		0,56	1,06	0,58	0,78	82,05	71,96	81,41	79,36
20		—	—	0,54	0,73	—	—	82,69	80,69
0	Phenylalanin	4,57	4,72	4,57	4,72	—	—	—	—
4		3,04	3,32	3,04	3,32	33,48	29,66	33,48	29,66
8		2,20	2,29	0,78	0,93	51,86	51,48	82,93	80,30
12		1,80	1,94	0,57	0,62	60,61	58,90	87,53	86,86
16		1,58	1,90	0,53	0,58	65,43	59,74	88,40	87,71
20		—	—	0,46	0,47	—	—	89,93	90,04
0	Histidin	2,28	2,04	2,28	2,04	—	—	—	—
4		1,10	1,09	1,10	1,09	51,75	46,57	51,75	46,57
6		0,73	0,73	0,50	0,44	67,98	64,22	78,07	78,43
12		0,50	0,64	0,33	0,35	78,07	68,63	85,53	82,84
16		0,42	0,57	0,28	0,34	81,58	72,06	87,72	83,33
20		—	—	0,28	0,30	—	—	87,72	85,29
0	Arginin	4,31	4,98	4,31	4,98	—	—	—	—
4		2,66	2,40	2,66	2,40	38,28	51,81	38,28	51,81
8		1,70	2,09	1,04	1,24	60,56	58,03	75,87	75,10
12		1,50	1,50	0,88	1,07	65,20	69,88	79,58	78,51
16		1,19	1,42	0,72	0,98	72,39	71,48	83,29	80,32
20		—	—	0,67	0,96	—	—	84,45	80,72

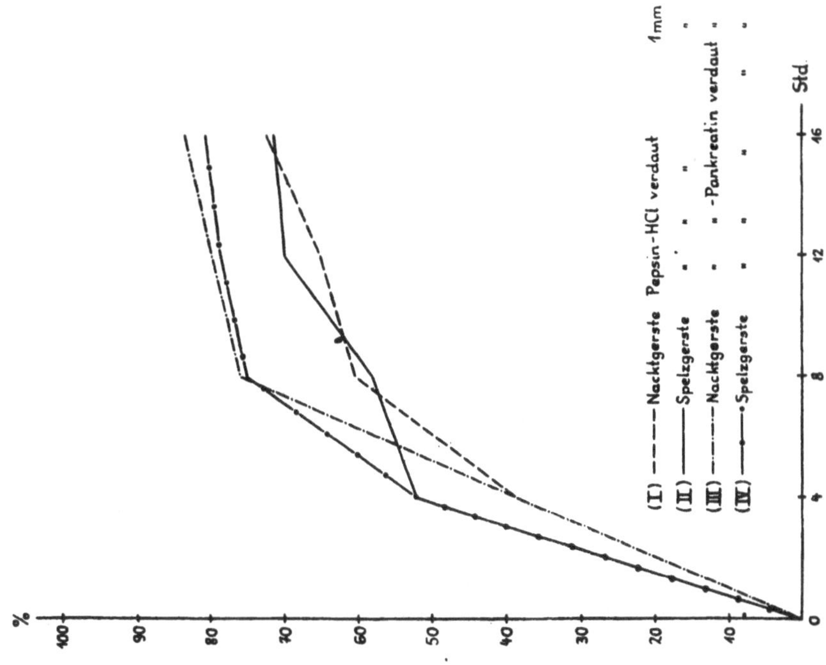
%
100
90
80
70
60
50
40
30
20
10
0
4
8
12
16
Std
(I) Nacktgerste Pepsin-HCl verdaut 1mm
(II) Spelzgerste " " " "
(III) Nacktgerste " -Pankreatin verdaut "
(IV) Spelzgerste " " " "

Abb. 3a

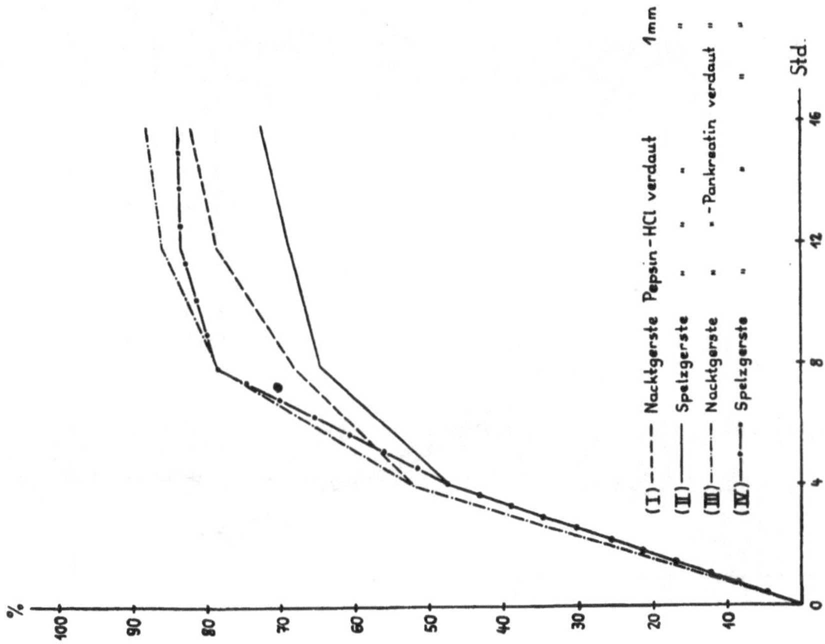
%
100
90
80
70
60
50
40
30
20
10
0
4
8
12
16
Std.
(I) Nacktgerste Pepsin-HCl verdaut 1mm
(II) Spelzgerste " " " "
(III) Nacktgerste " -Pankreatin verdaut "
(IV) Spelzgerste " " " "

Abb. 3b

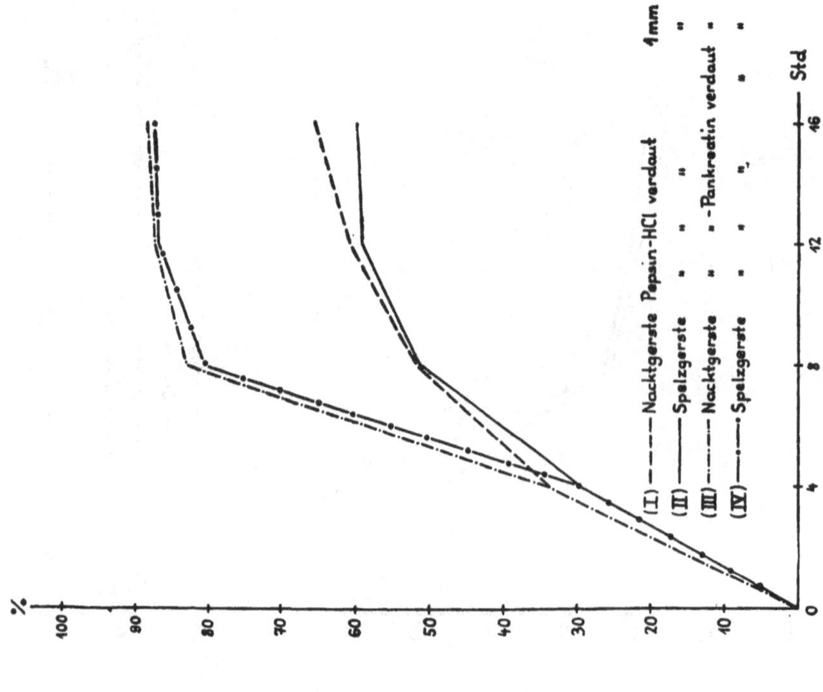
%
100
90
80
70
60
50
40
30
20
10
0
4
8
12
16
Std
(I) Nacktgerste Pepsin-HCl verdaut 1mm
(II) Spelzgerste " " " "
(III) Nacktgerste " "-Pankreatin verdaut "
(IV) Spelzgerste " " " "

Abb. 3c

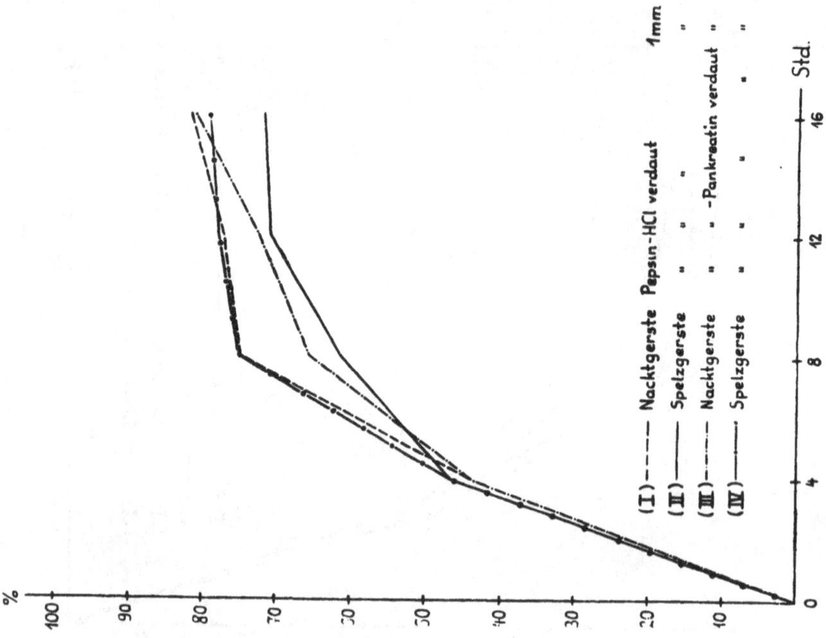
%
100
90
80
70
60
50
40
30
20
10
0
4
8
12
16
Std.
(I) Nacktgerste Pepsin-HCl verdaut 1mm
(II) Spelzgerste " " " "
(III) Nacktgerste " "-Pankreatin verdaut "
(IV) Spelzgerste " " " "

Abb. 3d

Die untersuchten Aminosäuren der Nackt- und Spelzgerste ergaben mit der Pepsin-HCl-Methode größere Unterschiede in den Verdaulichkeiten als mit dem Pankreatin-Soda-Verfahren. Auch die absolute Höhe der Verdaulichkeit der Aminosäuren einer Gerstensorte war für die meisten Abbauprodukte nicht gleichmäßig. Aus dem Gesagten ist weiterhin zu entnehmen, daß das Phenylalanin der Nackt- und Spelzgerste bei der Pepsin-HCl-Verdauung am schlechtesten von allen getesteten Aminosäuren verdaut wird. Auch der Unterschied zwischen den beiden Verdauungsmethoden im Hinblick auf die Höhe der Verdaulichkeit tritt uns hier besonders sichtbar entgegen. So ist gezeigt worden, daß die Aminosäuren der Gerstensorten sowohl zeitlich als auch mengenmäßig ganz verschieden verdaut werden.

Zusammenfassung

Zur Klärung der unterschiedlichen Rohproteinverdaulichkeiten zwischen Nackt- und Spelzgerste wurden in vitro-Versuche mit verschiedenen Mahlungsstufen bei Pepsin-HCl- (0,2; 1,0; 1,5 und 2,0 mm) und Pepsin-HCl-Soda- (1,0 mm) Verdauung durchgeführt. Dabei zeigte der Mahlungsgrad einen Einfluß auf die Eiweißverdaulichkeit. Die Rohproteinwerte, wenn nur mit Pepsin-HCl verdaut, lagen niedriger als die unter Anwendung beider Fermentsysteme. Das gleiche trifft auch für einige Aminosäureverdaulichkeiten zu. Die untersuchten Aminosäuren werden teilweise sehr unterschiedlich abgebaut. Die Ergebnisse in vivo und in vitro werden gegenübergestellt und diskutiert.

Literaturverzeichnis

1 ABDERHALDEN, E. u. P. RONA: Fütterungsversuche mit durch Pankreatin, durch Pepsinsalzsäure plus Pankreatin und durch Säure hydrolysiertem Casein. Ztschr. f. phys. Chemie **42**, 528 (1904).

2 AGAR, W. T., F. J. R. HIRD u. G. S. SIDHUS: The active absorption of amino-acids by the intestine. J. Physiol. **121**, 255 (1953).

3 dto. The uptake of amino-acids by the intestine. Biochemica et Biophysica Acta **14**, 80 (1954).

4 COLUMBUS, A., W. HARNISCH u. F. SCHOLZ: Verdaulichkeits-, N-Bilanz- und Fütterungsversuche mit einer nacktkörnigen Gerstenmutante und ihrer bespelzten Ausgangssorte an wachsenden Labortieren und Schweinen. Arch. f. Tierernährung **9**, 140 (1959).

5 DIRKS, B.: Bestimmung von verdaulichen Eiweiß- und Futterwerten. Kühnarch. **39**, 135 (1935).

6 HEINTZE, K.: Untersuchungen über den Einfluß von Temperatur, Druck und Erhitzungsdauer auf die saure Hydrolyse von eiweißhaltigen Produkten.
1. Mitteilung: Die Abspaltung von Amino-N in Abhängigkeit von Druck und Temperatur. Ztschr. f. Lebensmittelunters. u. Forschung **100**, 253 (1955).
2. Mitteilung: Das Verhalten einzelner Aminosäuren in saurer Lösung in Abhängigkeit von Druck und Temperatur. Ztschr. f. Lebensmittelunters. u. Forschung **100**, 463 (1955).

7 HILL, H.: Zur Methodik der mikrobiologischen Aminosäurebestimmung. Arch. f. Tierernährung, Beiheft 5, 135 (1954).

8 LONDON, E. S. u. N. KOTSCHNEFF: In welcher Form wird Nahrungseiweiß resorbiert? 1. Mitteilung: Ztschr. f. phys. Chem. **228**, 235 (1934).

9 NEHRING K. u. J. SCHRÖDER,: Untersuchungen über die Hydrolyse von Eiweißfutterstoffen. Arch. f. Tierernährung **9**, 305 (1959).

10 SAHYUN, M., CH. F. KADE u. J. HOUSTON: Preparation and nutritive value of an incomplete acid hydrolysate of casein. American Journal of Digestive Diseases **14**, 230 (1947).

11 SCHUPHAN, W.: Methodenbuch IV der deutschen landw. Forschungs- u. Untersuchungsanstalten.

12 SCHWARZE, P.: Über die Bestimmung des verdaulichen Rohproteins auf künstlichem Wege. Biederm. Zrtbl. Abt. Tierernährung **9**, 346 (1957).

13 SCHWEIGERT, B. S. u. E. E. SNELL: Microbiological methods for the estimation of aminoacids. Nutr. Abstr. & Rev. **16**, 497 (1946/47).

14 SJOLLEMA, B.: Zur Bestimmung der verdaulichen Stickstoffsubstanzen des Eiweißstickstoffes in Futter- und Nahrungsmitteln. Ztschr. Unters. Nahrungs- u. Genußmittel **2**, 413 (1899).

15 SNELL, E. E.: The micobiological assay of amino-acid. Adv. Prot. Chem. **2**, 85 (1945).

16 STEUDEL, H.: Neue Untersuchungen über die Verdaulichkeit unserer Nahrungsmittel. Ztschr. ges. exp. Med. **95**, 580 (1935).

17 STUTZER, A.: Die Einwirkung von saurem Magensaft auf die stickstoffhaltigen Bestandteile der Mohnkuchen. J. f. Landw. **28**, 195 (1981).

18 WAGNER, J.: Aminosäuregehalt einiger Futtermittel und deren biologische Verwertung. Kühn-Arch. **71**, 1 (1957).

19 WEDEMEYER, K.: Zur Methode der künstlichen Verdauung stickstoffhaltiger Futterbestandteile. Landw. Versuchsstat. **51**, 375 (1899).

20 WISEMAN, G.: Active stereochemically selective absorption of amino-acid from rat small intestine. J. Physiol. **114**, 7 (1951).

21 dto. Absorption of amino-acids using an in vitro technique. J. Physiol. **120**, 63 (1953).

22 WÜNSCHE, J.: Beitrag zur Methodik der mikrobiologischen Aminosäurebestimmung. Beiträge aus der Agrikulturchemie zu Problemen der Forschung u. Praxis. (Festschrift zum 60. Geburtstag von Prof. Dr. Dr. h. c. K. NEHRING).

Eingegangen am 29. 9. 1960

FSC
www.fsc.org
MIX
Papier | Fördert gute Waldnutzung
FSC® C083411

Kolibri 360 GmbH
Ferdinand-Jühlke-Straße 7
99095 Erfurt, Deutschland
produktsicherheit@kolibri360.de